# 世界冠軍的
# 完美居家
# 咖啡指南

HOW TO MAKE

## THE BEST COFFEE

AT HOME

# 世界冠軍的
# 完美居家
# 咖啡指南

從豆子的購買、挑選、研磨、保存到沖煮，
頂尖職人運用圖表與步驟，
解說在家也能做出好咖啡的關鍵技巧，
建立屬於你的自家風味

詹姆斯·霍夫曼（JAMES HOFFMANN）著

魏嘉儀 譯

積木文化

獻給貝絲（Beth）、蕾拉（Lyla）與希歐（Theo）。

飲饌風流 VV0119C

# 世界冠軍的完美居家咖啡指南

從豆子的購買、挑選、研磨、保存到沖煮，頂尖職人運用圖表與步驟，
解說在家也能做出好咖啡的關鍵技巧，建立屬於你的自家風味

原 書 名／How to make the best coffee at home
作　　者／詹姆斯‧霍夫曼（JAMES HOFFMANN）
譯　　者／魏嘉儀

總 編 輯／王秀婷
主　　編／洪淑暖
版　　權／徐昉驊
行銷業務／黃明雪

發 行 人／涂玉雲
出　　版／積木文化
　　　　　104台北市民生東路二段141號5樓
　　　　　官方部落格：http://cubepress.com.tw/
　　　　　電話：(02) 2500-7696　　傳真：(02) 2500-1953
　　　　　讀者服務信箱：service_cube@hmg.com.tw
發　　行／英屬蓋曼群島商家庭傳媒股份有限公司城邦分公司
　　　　　台北市民生東路二段141號11樓
　　　　　讀者服務專線：(02)25007718-9　24小時傳真專線：(02)25001990-1
　　　　　服務時間：週一至週五上午09:30-12:00、下午13:30-17:00
　　　　　郵撥：19863813　　戶名：書虫股份有限公司
　　　　　網站：城邦讀書花園　網址：www.cite.com.tw
香港發行所／城邦（香港）出版集團有限公司
　　　　　香港灣仔駱克道193號東超商業中心1樓
　　　　　電話：852-25086231　　傳真：852-25789337
　　　　　電子信箱：hkcite@biznetvigator.com
　　　　　馬新發行所／城邦（馬新）出版集團
　　　　　Cite (M) Sdn Bhd
　　　　　41, Jalan Radin Anum, Bandar Baru Sri Petaling,
　　　　　57000 Kuala Lumpur, Malaysia.
　　　　　電話：603-90578822　　傳真：603-90576622
　　　　　email: cite@cite.com.my

封面完稿、內頁排版／劉靜慧

2023年 5月30日　初版一刷
售　　價／NT$ 600
ISBN 978-986-459-475-7（精裝）
有著作權 侵害必究
Printed and bound in China

世界冠軍的完美居家咖啡指南：從豆子的購買、挑選、研磨、保存到沖煮，頂尖職人運用圖表與步驟，解說在家也能做出好咖啡的關鍵技巧，建立屬於你的自家風味/詹姆斯.霍夫曼(James Hoffmann)著；魏嘉儀譯. -- 初版. -- 臺北市：積木文化出版：英屬蓋曼群島商家庭傳媒股份有限公司城邦分公司發行, 2023.05
　面；　公分. -- (飲饌風流)
譯自：How to make the best coffee at home.
ISBN 978-986-459-475-7(精裝)

1.CST: 咖啡

427.42　　　　　　　　　　　111020266

混合產品
紙張│支持
負責任的林業
FSC™ C008047

# 目次

# 本書簡介

　　一杯咖啡可以化身為許多東西，它可以是一劑咖啡因、啟動工作動力的燃料、社交潤滑劑、一項日常必需品，或是一種奢侈享受。咖啡可以令人驚豔、點亮心情又充滿迷人美味，也可以瞬間將你送到世界各個角落。當然，咖啡也可以充滿樂趣。

　　世界各地大約有幾十個國家都有生產咖啡，全球每一座城市也都有人在喝咖啡，咖啡在許許多多文化之間，還會以彼此迥異的方式扮成不同模樣。把小小一顆熱帶漿果的種子烘烤、研磨、滲濾浸泡之後當成飲品享用，這實在是十足人類的作為。

　　今日咖啡的形象已經變得有一點點嚴肅、過於認真懇切、偶爾還有些裝模作樣，它變成一種必須經過研究與學習才能享受的東西，尤其是在近十幾二十年現代精品咖啡運動之下。在我動筆準備撰寫一本充滿咖啡種種錯綜複雜與枝微末節的本書之際，我想，對於你我而言，重要的是瞭解咖啡的目的是樂趣，有了樂趣之後便能享受。

　　我希望藉由本書，分享如何做出更美味的咖啡，同時也點出咖啡令人驚奇、令人愉快又引人入勝之處。咖啡不一定都要達成這些功能，它可以只是一杯輕柔、親切的飲品，點醒早晨混沌的大腦——因為我們的早晨真的需要一杯咖啡。

# 如何買到美味的咖啡豆

想必大家一定聽過：少了傑出的生豆，就不會有優質的咖啡。全世界所有技巧與設備都無法超越咖啡原料本身的品質。然而，世上也沒有真正能夠評斷何謂「好」的權威。我們有精品咖啡的定義，但這並不代表所有人都會喜歡同一類型的咖啡。一旦仔細鑽研之後，就會發現，咖啡多元的風味正是讓人喜悅之處。

早期精品咖啡產業忙著告訴大家應該喝「更好的」咖啡，因此發展狀態有點好似原地踏步。人們當然不太喜歡自己購買且覺得非常好的咖啡，被人斷定為等級較差——非常謝謝你，但我覺得滿好喝。

不過，我即將在此重蹈類似的覆轍，但我知道該多留心些什麼地方。我認為，無論各位現在喜歡喝什麼咖啡，世上可能依舊還有你更喜歡的咖啡，而且只要一點小嘗試就會發現不可思議的回饋——老實說，這過程還意外地很有趣。本章的目標就是剖析購買咖啡豆的過程，讓各位零風險地盡情探索。我不太喜歡嘗試新事物時踩到雷的感覺，這是可以避免的，我們也可以一同解開一些關於買咖啡豆的迷思與誤解。

# 新鮮度

**咖啡市場的偉大成就之一，就是植入了「越新鮮越好」的概念。**

我們在任何地方都看得到「現磨咖啡」或「現沖咖啡」，人們對於咖啡也因此知道了：這是一種新鮮食品，而不是能夠久藏的日常食物，這是好現象。相較於其他新鮮產品，咖啡的衰敗過程其實相對較為緩慢，也有人會說，因為咖啡豆放了幾年之後還能安全飲用，所以可以稱為耐儲存食品。不過，如果各位想讓錢能花得最值得，趁咖啡新鮮時好好享用才是最佳策略。在我進一步談論咖啡能保存多久之前，應該先簡短討論一下咖啡變質的幾種可能。

**揮發物的散失**：此處的揮發物指的是揮發性香氣化合物，這些化合物會透過各位的嗅球（olfactory bulb）感知並進而享受，各位會因此感受到香氣或風味。當咖啡放太久時，就會有大量的風味從咖啡豆或咖啡粉散失至空氣中。若使用更好的包裝或許可能減緩香氣的逸散，但隨著時間拉長，還是會失去細微的香氣、風味與明亮感。

**好／壞風味的發展**：可惜的是，各位喜愛或是能在咖啡裡嘗到的化合物並非惰性物質。所以，它們會隨著時間漸漸與其他物質進行反應，並生成新的化合物。雖然並非一定，但這些新生成的物質往往都不似原有的

化合物這般怡人。

**酸敗反應（Rancidification）**：咖啡內含脂質（lipids），脂質會組成脂肪或油的形式，這些脂質很容易出現酸敗反應。酸敗的過程可能是被氧氣氧化，也可能因為濕氣讓脂肪分解。無論何種方式，都會使得咖啡很快地出現不討喜或令人不悅的風味。較深焙的咖啡豆表面有較多的油脂，因此，這些脂質與空氣或濕氣反應的機會較高，因此發展出酸敗風味的速率就會越快。

再補充一點，雖然這與負面風味沒有強烈相關，但在進一步討論新鮮度之前很值得了解。

**脫氣（Degassing）**：咖啡豆在烘焙的過程會進行一大堆的化學反應，讓咖啡豆轉化成褐色，並產生許多我們喜愛的風味。這些反應會生成一種主要副產品，也就是二氧化碳（$CO_2$），以體積而言數量很大。1公斤的咖啡豆在烘焙過程就能生成10公升的二氧化碳。絕大多數的二氧化碳會在烘焙過程逸散至空氣，還留在咖啡豆的二氧化碳，也會在烘焙結束後的幾個小時之間散失不少。

粉裡散出。當咖啡粉逸散出許多二氧化碳的時候，水分就會比較難以萃取咖啡。製作咖啡令人挫敗的真相之一（本書還會提到好幾個），就是越陳舊的咖啡越容易沖煮與萃取。不過，越陳舊的咖啡，不好喝的機率當然也就越高。

當咖啡產業轉往電子商務發展時，人們會期望咖啡公司接到訂單才開始烘焙與運送。再加上電商會使人們縮短期望的交貨時間，這表示各位在網路上購買的咖啡豆很可能會以太新鮮的狀態抵達。為了嘗到最美味的咖啡，各位應該耐心等待——通常會稱之為讓咖啡豆「休息」。但是，該耐心等待多久？在咖啡的陳舊風味竄出之前，優質賞味期限又是多長？

## 咖啡豆的保存與新鮮度

保持咖啡豆的完整能延長其使用壽命。這方面沒有嚴格準則，但須留心咖啡豆的保存條件，尤其是溫度。當環境溫度越高，咖啡豆陳舊的速率就會越快，因熱能會提供大量加速變質過程的能量。

若是準備製作義式濃縮咖啡，建議在烘焙完成後等待七至八天。一旦開了一包保存得宜的咖啡豆，接下來的數週之間便都能好好享受最佳風味。接著，就會開始感受到咖啡的美味程度出現明顯下滑。咖啡

雖然咖啡豆在包裝時，還留於豆內的二氧化碳含量已經相對很少，但重要的是，這些二氧化碳仍然能對沖煮咖啡產生很大影響。

因此，咖啡豆確實會有「太新鮮」的狀態，尤其若是打算製作義式濃縮咖啡更須注意。當沖煮水與咖啡粉接觸時，會釋放大量困在豆內的二氧化碳。在沖煮過程（見第87～129頁），常常會看到稱為「粉層膨脹」（bloom）階段，也就是在大量沖煮之前先注入少量水，以助於將二氧化碳從咖啡

豆在包裝開啟的兩週後，咖啡產生的克麗瑪（crema）含量慢慢穩定減少，因為克麗瑪就是來自困在豆內的二氧化碳（更多關於克麗瑪，見第154頁）。不過，克麗瑪的減少並不代表咖啡的味道會變差。

如果打算製作濾沖咖啡，那麼等待烘焙完成後的四至五天就能沖出美味咖啡了。相較於義式濃縮咖啡，即使是在烘焙後僅等待二或三天，其實新鮮度對於沖煮的影響也不會太大。但與義式濃縮咖啡雷同的，一旦開啟一包咖啡豆，最佳賞味期限就都一致變成是數週之間，在此之後，風味就會出現穩定下滑。

### 理想新鮮度——咖啡粉

一旦將咖啡豆研磨成粉，其變質的腳步就會加快許多。若是一次並列，同時品飲比較，許多人都喝得出新鮮的與放了十二小時後的咖啡粉之間明顯的差異，而絕大多數的人都分得出兩者的不同。雖然讓人產生不悅的差異是多大，實難預測，但其間的落差鮮明可辨。當咖啡粉放到四十八小時，應該就很難有人覺得它嘗起來不會糟糕了。

以下是幾個我支持現磨咖啡豆的理由：

• 現磨咖啡聞起來美妙迷人。每次研磨咖啡豆時，都能讓你有個更愉快明亮的早晨或一天。

• 購買完整咖啡豆更值得。雖然兩者的售價相當，但預先研磨的咖啡粉，整體的咖啡風味卻比較不好，也就是比較不值得。

• 自己研磨咖啡豆表示能得到咖啡最棒的一面——依沖煮器材、個人喜好與不同品種，進行研磨粒徑的調整。

相較於購買一包預先磨好的咖啡粉，我願意接受自己研磨的不便，以及添購一臺磨豆機的成本。而且，我認為幫廚房裝置一臺磨豆機，實在是無價的投資，接下來會深入討論磨豆機（見第54～60頁）。

# 咖啡豆的保存

**日用咖啡豆的最佳保存條件，就是黑暗、乾燥且密封的環境。**

現在，許多咖啡袋都附有可重複銜封的封條，而且效果與我測試的任何其他方式一樣好。市面販售的咖啡罐眾多，雖然我覺得真空密封罐確實稍微略勝一籌，但各位應該挑選能夠密封且外觀符合自身喜好的咖啡罐。

我會避免將任何咖啡豆存放在冰箱。理論上，因為冰箱溫度比較低，所以當然會比放在紙箱更好，只要咖啡豆是密封狀態，冰箱也確實比較好。然而，咖啡豆在進出冰箱之間會因為冰冷咖啡豆表面出現水氣凝結使得變質加速。另外，如果咖啡豆包裝袋已經開啟，咖啡豆就很容易沾染任何冰箱裡的特定氣味。

以長期保存而言，冰箱是絕佳的環境。若是咖啡豆以密封包裝，並且達到最少量空氣滲入的理想狀態，咖啡豆能儲存於冰箱內數個月。由於水氣冷凝，進出冰箱會對咖啡豆產生不好的影響，不過有些人會將咖啡豆分裝單份置於冰箱，然後每次只拿出需要的分量。這種做法很不錯，只是每一包新咖啡豆都要付出大量的精力預先分裝。

# 在那裡購買咖啡豆

購買咖啡豆的地點，會對新鮮度及保存時間產生巨大的影響。

以下探討購買咖啡豆的三大主要地點，以及會帶來的影響：

### 超級市場／雜貨店

歷史過程中，絕大多數的人們都是在這類場所購買咖啡豆，而此情況真正開始轉變其實是大約近十年的事。超級市場會將咖啡豆當作耐久存的架上長壽商品。咖啡豆沒有「使用期限」，只有「最佳賞味期限」，因為即使喝了放了好些年的咖啡豆，可能也不會有危險，雖然已經過了風味最佳的時間。大型咖啡烘豆公司的包裝不會放上烘焙日期──因為超級市場不希望他們印上這類資訊。由於超級市場的供應鏈流程，咖啡豆終於放到

架上之前，可能已經過了數週或數月，接著再從貨架尾端慢慢一步步往前移動。

拿起一包最佳賞味期限還有七個月的咖啡豆，會比一包五個月的咖啡豆更好。再者，最佳賞味期限其實沒有公訂標準，有些公司會採用烘焙後十二個月，有的會用十八個月，還有公司會拉高到二十四個月。某些較小型且較重視品質的烘豆公司也開始與超級市場合作，他們往往會被要求標上「保存期限」，但同時也會在包裝加上「烘焙日期」——雖然鮮少會比保存期限醒目。絕大多數的超級市場都很難買到真正新鮮的咖啡豆。某些在地商店與通路可能較有機會，但大部分都要碰運氣了。

## 在地咖啡店

這是購買咖啡豆的絕佳場所，絕不只是因為我認為應該支持在地產業。現在的咖啡店也會定期販售店內咖啡所使用的咖啡豆。這類咖啡豆通常都有經過好好「休息」，擺到架上販售之前可能已經有了一週的靜置，這也代表如果各位需要現在就能馬上沖煮的咖啡豆，咖啡店就是完美的購買地點。而且，在咖啡店還能與人聊聊咖啡、說說自己的偏好，也因此更有機會挑到真正可以享受的咖啡豆，而不是在超級市場的標籤之間努力尋找（接下來會進一步討論更多關於標籤的資訊，見第22頁）。最後的額外好處，就

是通常可以在下手購買一包咖啡豆之前，嘗到它的味道——不僅可以降低買到一包討厭豆子的風險，還能把店內喝到的咖啡當作在家沖煮的風味追求範本。

## 線上商家

如今，在線上買到優質咖啡豆已經變得簡單許多，而且全球咖啡烘豆師如雨後春筍的迸生，對於消費者而言，無疑是一大好消息。線上消費的經驗通常很不錯，因為售價頗具競爭力且運送快速。不過，線上購買咖啡豆與人互動交流的程度有限，雖然這也很吸引人，卻讓尋求推薦變得較困難。大部分烘豆公司會明確說明他們的烘焙與運送規則。小型公司的烘豆量不到必須每日開機烘焙，所以可能將各位的訂單壓到下一個烘焙批次，或是寄出已經放了一或兩天的咖啡豆。就像我剛剛提過的，超新鮮咖啡豆並不一定對沖煮咖啡最好，但線上販售店家應該至少能提供咖啡豆的預期製作流量，也許還能要求店家讓咖啡豆送抵的時間，落在家中現有咖啡豆庫存清空的前一週。

大多數的烘豆商會提供週期訂購制服務，就是咖啡豆會每週、每兩週或每個月自動寄出。在「麻煩每個月都寄來那個我喜歡的東西，這樣我就不用一直提醒自己了」，以及「麻煩每次都寄給我嶄新又不一樣的東西」之間，還有各式各樣不同的訂購方式。

## 價格

價格是反映品質最簡單且最鮮明的指標——售價越高，應該越美味。當然，在對於何謂「好」有著各式各樣偏好與定義的世界中，不可能就是如此。不過，既然聊到如何購買咖啡豆，依舊必須聊聊價格。

家裡就有一包咖啡豆對全球上億個家庭而言十分正常。若是靜下來想想這個現象幾秒鐘，應該會發現這是如此令人驚嘆。在數千公里之外的遙遠他方，一種熱帶植物的種子被人採收，然後經過處理、篩選、運送、烘焙，最後包進一個小小的袋子遞送到你家門前。也因為如此，所以早期咖啡豆被視為一種廉價商品，某些咖啡豆不幸地也許永遠都會是便宜的產品。然而，廉價的咖啡豆是要付出人力代價的——那些咖啡豆背後一定有某人為低廉成本而奮鬥；某人一定仍然過著為溫飽苦惱或扛著沉重債務的日子。廉價咖啡豆不值得讚許，不論是現在或未來。

我認為咖啡被低估了，它不僅是一種美味且千變萬化的飲品，甚至還有增進精神活力與刺激效果。若是經濟狀況許可，我會鼓勵各位為咖啡多投資一點。

只要為你的早晨多付出一點點，同時避免選用致力於壓低售價的大型跨國企業產品，對所有咖啡相關從業人員都有所助益。以過高的售價購買頂級尖端精品咖啡豆，對於導正咖啡產業的不公其實無濟於事，也改變不了任何一位農人的生活。不過，若是為任何咖啡豆投入的金錢是在永續層面，這便是十分值得且無價的花費。我不能為各位提供確切的數字，因為印在書上便注定是過時的價格，但從精品咖啡烘豆商看到的價格會是不錯的基準。

我不喜歡說當下最佳建議就是多花點錢，尤其是現今不論消費國或生產國都有普遍的貧窮與糧食安全問題。但是，當目睹維持咖啡豆廉價的策略，對於世界各地數以百萬咖啡農家計所產生的影響，我也無法提倡應該盡量維持低價。

# 烘焙程度

隨著過去二十年來精品咖啡的興起，烘豆公司對於烘焙程度的討論似乎變得相當過時。咖啡豆的包裝上有著滿滿的資訊，但關於烘焙程度卻很少。

此現象的背後可能有幾個原因。一是許多小型精品咖啡烘豆公司在烘焙時秉持——我們已經為特定的咖啡豆找到了它們理想的烘焙曲線，同時堅信其他烘焙程度都不適合。二是目前精品咖啡豆的烘焙程度往往落在淺至中焙，這樣的烘焙風格依舊是一種面對星巴克（Starbucks）等深焙風格咖啡公司時，持反對意見的態度。最後，也是最令人沮喪的，其實我們還沒有何謂淺、中或深焙的一致標準。不過，我仍然認為烘焙程度對於許多咖啡消費者而言，依舊是十分有用的資訊。精品咖啡烘豆商的咖啡豆往往可以假定都是淺至中焙，除非有特別標示。

在過去歷史中，咖啡的烘焙程度曾以「強度等級」這種有點模糊的方式標示。但現代咖啡業界卻認為這種標示方式有點令人困惑，因為沖煮咖啡的咖啡粉與水的比例才是影響咖啡強度的主要原因。不過，相對於淺焙咖啡，較深焙的溶解度更高，所以吹毛求疵一點的話，以強度等級標示其實還算精確。

這類標示真正想要表達的，其實是特定咖啡豆讓你感受到的苦味強度。不過，不論標示使用的是五分制或十分制，分數通常都會是中間值以上——因為不會有人想要強度等級最低的咖啡豆。

## 烘焙對於風味的影響

烘焙方式對於咖啡的風味有著極大的影響。咖啡豆的烘焙時間越長，會產生越多所謂的烘烤風味。絕大多數烘焙成棕色的產品都會有這類風味，例如麵包或巧克力。當烘焙時間拉長，最終將轉變為尖銳且更多焦烤的風味。這也與苦味隨之逐漸增加有關，例如糖逐漸變為焦糖的過程，顏色會變得越來越深，而味道越來越苦。在苦味慢慢增加的同時，酸味通常也會逐漸下降。

在咖啡業界，酸味是一個複雜且頗為多元分歧的主題。酸味往往與咖啡豆的密度相關，而咖啡豆的密度則與咖啡樹如何成長有關。當咖啡樹生長在較高海拔時，其成長速度會較慢而咖啡豆密度會越高。這類咖啡豆的香氣複雜度也會較高，同時擁有更好的甜味能力——不過這並非線性，所以請別單純尋找產地海拔最高的咖啡豆。有趣的是，複雜度高且風味豐富的咖啡豆往往也擁有較高酸度。

而咖啡烘豆師面對的挑戰則是，如何在盡可能維持咖啡原有特質的同時，向上堆疊怡人的烘焙風味層次，並平衡咖啡的酸味，創造出令人享受的咖啡體驗。酸味可以為咖啡添加對比、生津多汁，且有爽脆、刺激與明亮感。當然，若是烘焙不當，酸味也可以變得酸敗、咬舌，且相當令人不適。

烘焙咖啡豆的困難之處，並非僅在於找到甜味、酸味與苦味平衡點所需的精確度與實際經驗。也在於我們沒有一個放諸四海皆準的平衡點。烘焙咖啡豆其實也包含了部分的食物製作層面，以及部分的哲學或美學。一間烘豆公司往往會統整出一些優質咖啡「嘗起來」的概念，同時也了解，並非所有咖啡飲者都會贊同這些概念。

因此，我們不會有中焙咖啡應該是什麼樣子的標準，因為每個人開始喝咖啡的焙度顏色光譜落點不同。舉個極端一點的例子，星巴克焙度最淺的咖啡豆（也就是它們的黃金烘焙〔Blonde Roast〕），會比任何精品咖啡烘豆商推出最深焙度的豆子還要深。

# 產地履歷

長久以來，我一直都把產地履歷當作是買到傑出咖啡豆的捷徑。若是一批咖啡豆來自一片精確的地塊、一座咖啡莊園、一間合作或單一處理廠，那麼這批豆子的品質想必很不錯。

咖啡從農田到進入杯中，供應鏈歷經的許多分類流程都會增加成本。唯有在咖啡豆能因為高品質風味而售出高價時，這些投入的成本才會值得。雖說分類不是一種完美的捷徑，但的確是很有效率的做法。

面對一包包排成一列的咖啡豆時，困難的是如何辨認出哪些咖啡豆擁有可溯源的產地履歷，哪些只是看起來能夠溯源，但實際上卻無法辨別。另外，因為複雜的土地所有權，也無法推薦消費者僅購買單一咖啡莊園。在許多咖啡產國，眾多優秀傑出的咖啡農民（與其種植的咖啡豆）都不會列入名單，因為他們的土地面積不夠大，不足以被視為農地。各位在購買肯亞咖啡豆時，品質令人驚豔的咖啡豆可能源自單一水洗處理廠，廠內處理的咖啡豆可能來自成百上千名咖啡農民。這些可以屬於肯亞最佳咖啡豆的一部分，但是，相同等級的產地履歷在哥斯大黎加卻不會找到最佳咖啡豆。為了有更好的產地溯源指南，我最後寫了《世界咖啡地圖》（The World Atlas of Coffee，積木文化出版）一書，試著將這些資訊，依照不同國家拆分出更多細節。如今我依舊認為產地履歷的溯源是最實用的品質指標。

# 採收後的處理

一包典型的精品咖啡豆往往都會寫上許多關於這支咖啡豆的資訊。這些資訊的範圍與細節會因烘豆師而異，但其中我認為最重要的部分——感恩的是此資訊幾乎總會附上——就是後製處理法。

採收咖啡果實會在果實成熟度最佳的時機進行，雖然我們想要的並非果實，而是果實中的種子。從果實取出種子的方式會對咖啡風味產生相當大的影響。本書不會詳加討論後製處理的細節；我希望聚焦在討論風味如何受到影響，以及「發酵」這個咖啡風味特質。

傳統上，不論何種咖啡類型都不會希望擁有發酵風味，而後製處理也會盡可能降低這類特質。水洗處理法會先將種子擠壓出，接著經過一點點發酵作用以分解任何黏在種子上的殘餘果肉，然後在進行乾燥之前以水洗淨，主要目的是盡快除去果肉的糖分，防止糖分助長咖啡豆發展出可疑的風味，盡可能降低發酵或「瑕疵」風味。

水洗處理法（washed process，或濕處理法）的難題在於需要大量的水。水量需求占比最低的是日曬處理法（natural process，或乾處理法）。日曬處理法會在採收之後將整顆果實直接曬乾，然後去殼取出其中的種子。整顆果實以陽光曬乾可能會導致一些無

法掌控的化學反應出現，進而產生果實發酵風味。有些人十分喜愛這類風味，他們熱愛咖啡能出現藍莓、芒果、鳳梨或其他熱帶水果風味。有些人則相當討厭，對他們而言，這些氣味比較接近腐爛的水果，反而不太像有趣的水果沙拉。找出你對於咖啡發酵風味的感受，對於未來選購咖啡豆會有相當實際的幫助。

不論你喜歡或不喜歡，都可以，這個問題沒有正確答案。但咖啡業界則分成兩派——有些烘豆師選擇絕不購買，也不烘焙日曬咖啡豆。他們認為日曬處理法會傷害咖啡豆產地風土的原味。烘豆師對於自家產品保有願景與信念，我認為也很重要，因此兩種做法我都支持，而兩方也都有各自的愛好者。

其他後製處理法在咖啡豆殘餘的果肉會更多——例如蜜處理法（honey process）或去果皮日曬處理法（pulped natural process）。這些處理法對於風味口感有何影響很難概括而論，因為處理法的實際執行方

式相當多元。再者，現今有越來越多水洗咖啡豆會經過小型精緻與實驗性的發酵過程。這類處理過程通常會清楚標示，而且會以十分炫目的字詞描述，所以不太容易與正常水洗咖啡豆混淆。

波旁（Bourbon）

卡圖艾（Catuai）

卡娜（Kona）

給夏（Gesha）

# 品種

關於品種對風味的影響，葡萄酒領域的發展相當傑出。絕大多數的葡萄酒飲者對於無論是夏多內（Chardonnay）或卡本內蘇維濃（Cabernet Sauvignon）都有自己的偏好。

咖啡豆也是依照品種販售，但我很少建議用品種來挑選咖啡豆，因為咖啡農選擇咖啡品種時通常都會有非常實際的理由，例如某些品種的產量較高、某些品種的樹較矮讓手工採收較容易。許多咖啡農的種子來源有限，因此選擇也相對有限。

有的咖啡品種不會因產地風土條件而影響風味特質，但這類品種相對稀少。我個人認為光靠品飲一杯咖啡，真的非常非常難以辨認出咖啡豆是波旁或卡杜拉（caturra）品種。

烘豆師通常都會在咖啡包裝上標示咖啡豆品種，但產地履歷往往更是咖啡豆美味與否的判斷指標。

烘豆師也鮮少交代品種的來龍去脈——真的是要對咖啡有頗深入的了解，才會知道哥倫比亞很少種植霧虛霧虛（Wush Wush）品種，或是波旁品種通常都生長於印尼。

給夏（Gesha，尷尬的是，常常被稱為藝妓〔Geisha〕）之類的品種，確實擁有一貫的花香與柑橘風味，因此相當獨特，價格也相對較高。除此之外，我認為大約90%的品種其實都難以有特定的描述。

# 風味描述

**咖啡的風味描述可以是一種標準名詞,但也同時帶著些許爭議。**

此處主要介紹如何單純從風味描述之中,挑選出品飲咖啡的關鍵特性,希望能藉此讓各位更容易從十幾包以上的咖啡豆,挑出一包會令自己感到欣喜的產品。

以下是大部分人對咖啡又愛又恨的三個關鍵特質:

**酸味:**如同第24頁提到的,酸味是一個相當複雜的主題。有的人熱愛咖啡裡的酸味,有的人則覺得不對味或不討喜。我同意精品咖啡之所以特別的部分原因,就是這些許酸味,不過,最重要的依舊是否能達到平衡。

**果香:**如同第28～29頁提到的,果香光譜的極端之一就是發酵果香。不少咖啡愛好者很討厭這類風味,當然也有不少人十分熱愛,而大多數咖啡飲者則是採開放態度。在果香光譜的另一端便是毫無果香的咖啡,而我會將光譜中段形容為保有乾淨果香。

**口感:**咖啡入口有何感受也相當重要,但因為人們相對較不看重口感,所以鮮少有這方面的討論。咖啡喝起來可以是如茶般輕盈,也可以相當厚重濃郁,當然也會是介於中間的質地。

## 破解咖啡包裝標示

咖啡包裝上的描述文字是一條重要線索,可以循線理解這包咖啡豆應該歸於那種類型。這些描述並非絕對必要,而且也比不上直接與喝過店裡每一款咖啡豆的店家聊聊,不過包裝上的標示仍然頗為實用。

**新鮮果香:**當包裝畫上了莓果、仁果(pome fruits,蘋果、梨等等)或柑橘類水果,我會預想這包咖啡豆的酸味相對較高。這類咖啡似乎都會頗為香甜,但如果你很討厭酸味,就可能不會推薦大量風味描述或主要特徵是新鮮果香的咖啡豆了。這類咖啡的口感往往介於輕盈到中等。

**熱帶果香:**這類咖啡我會再加入草莓與藍莓風味,但芒果、荔枝與鳳梨等等可能會屬於咖啡中的發酵風味,若是不喜歡這類風味,也許可以考慮別購買這類描述的咖啡豆。熱帶果香風味的咖啡口感會稍微厚實些。

**熬煮果香:**當果醬、果凍、甜派(例如櫻桃派)等熬煮或加工水果的風味描述出現

時，這類咖啡就會偏向擁有一點酸味，但並不主要也不鮮明。它們往往比酸度較高的咖啡擁有更豐滿的口感。

**褐化風味**：我希望有比僅描述顏色更好的形容方式，但烘焙過程因褐化反應產生的風味範圍廣泛。包裝上的風味描述常常包括巧克力、堅果、焦糖與太妃糖等等。如果標示裡沒有任何果香，那麼我會預想此咖啡豆的酸味相對較低，口感則往往是中等至飽滿。

**苦味**：深焙咖啡可能會有較濃的煙燻風味，包括深巧克力或類似糖蜜的形容。這類咖啡除了擁有豐滿口感，酸味則是少到幾乎完全沒有，同時在前味與中味帶有更多的苦味。

各位或許認為我過於統整歸納咖啡風味，這樣的批評也頗為公允。優質咖啡令人欣賞之處就在於它的多元；一杯咖啡能帶來各種驚人且不可思議的體驗，我希望各位別錯過。我也鼓勵大家努力找出各自的偏好，希望以上的挑選方向，能讓你避免買到一包很想直接丟掉又必須懷著怒意喝完的咖啡豆。

最後，在一個商業競爭激烈的時代，許多烘豆師都積極地嘗試與消費者建立連結。

當買到一包相當討厭的咖啡豆時，請告訴他們——大部分的烘豆師都會很高興有機會幫你找到真正喜愛的咖啡豆，也很希望了解為何自家產品會讓你失望。他們也許無法第一次就給你一包很愛的豆子，但總是很希望可以更了解你，而不是直接賣給你第二包令人失望的體驗。

2

# 做出好咖啡的必要配備

　　當你愛上咖啡，會很難抗拒購買、收藏一些咖啡相關器具，以及逐步升級配備的誘惑。對任何興趣嗜好而言，這都是相當令人享受的部分，但同時也可能是新手的入門門檻。本章要介紹一些我認為絕對必要的配備（除了各位自己選擇的咖啡沖煮壺）。

　　關於設備器材，請遠離製造商設下的超便宜產品陷阱。為了壓低價格，這類產品的性能往往都大打折扣，是可以完全不必考慮購買的產品，它們通常比較像是阻礙而非幫助。咖啡配備的投資應該是讓你的沖煮過程更享受，也讓咖啡變得更美味，但這類陷阱器材常常奮力與你作對，也很快就會被你拋棄，然後變成家中的廢棄品。

　　對剛入門的咖啡新手而言，這有點像是面前出現了兩條岔路：應該要一路邁向沖煮之路？還是該朝向偉大義式濃縮咖啡頂峰攀爬？其實情況並非真的如此二元，但我想登上頂尖濾沖咖啡之路也許更容易些，遇到的挫折與投資成本也較低。我會盡所能的協助各位在任何一條道路上避開陷阱與死路。

# 最佳沖煮用水

咖啡沖煮用水已迅速變成激烈討論的議題，因為這是開始深入鑽研一杯咖啡為何美味，以及為何出乎意料地難喝時，最令人感到挫敗的一環。

在沖煮咖啡時，水同時扮演著兩種角色：它既是一種食材，也是一種強烈影響哪些風味會溶解進入咖啡的決定性溶劑。由於水是一杯咖啡的主要成分，因此將水視為一種食材更為貼切。一杯濾沖黑咖啡約有98.5%是水，而一杯義式濃縮咖啡的水分占比也仍然可達約90%。以此視角，沖煮用水的考量主要會放在其是否純淨與味道是否中性，而未摻進任何像是氯等雜質。

雖然許多正在閱讀本書的各位家中自來水味道已經不錯了，而我也的確會聚焦於如何在沖煮咖啡時發揮這類水源的最佳表現，但是我依然想要聊聊如何調整水的「瑕疵味」。最有效率的解決方式就是使用活性碳過濾器。這種過濾器價格便宜，也常常是濾水壺的一部分，這類濾水壺也通常會有軟化水的功能。如果無須煩惱軟化水的問題，其實也可以找到只有濾除水中氯味與味道的活性碳過濾器，且添加可以濾除小顆粒的細網。雖然這類過濾器的壽命都很長，但使用任何濾水器時，都要留意細菌孳生的可能，並應時常更換新的濾芯。

接下來，聊聊所有會影響一杯咖啡的水分因素。以下將深入討論對許多人來說也許難以理解的水化學，這部分也是咖啡突然間變得看似無法親近、艱困且過於複雜的領域。本章的目標不是把各位的廚房都升級成科學實驗室（除非你也很想），而是讓大家了解咖啡沖煮水的重要性，以及如何根據自己對於咖啡沖煮的偏好、預算與興趣，然後做出關於水的最佳選擇。

## 硬水與軟水

所謂的「硬水」指的是溶解了大量礦物質的水，礦物質可以是鈣及鎂等等，它們會在水流經地表時納入這些礦物質。相反地，「軟水」的這類礦物質含量較低。

我常常討論如何軟化水，好讓水中碳酸鈣含量降低。此礦物質源自溶解於水中的石灰岩，當它從熱水沉澱出時，就會形成在手沖壺或咖啡機裡看到的水垢。我們確實需要相對較軟的水才能做出美味的咖啡，但需要的也不只如此。

首先，如果用的是味道純淨且相對較軟的水，可以說已經離目標不遠了。不過須聲明，純水或蒸餾水其實是糟糕的咖啡沖煮用水。純水或蒸餾水會做出味道糟糕的咖啡，而且咖啡機或手沖壺內部還會因此受到腐蝕，所以最好避免使用這類水。

如果各位無法確定自家用水是硬水或軟水，可以看看手沖壺或任何能加熱水的設備內部。如果看到逐漸累積起的水垢，那便是硬水了。

## 礦物

在世界任何角落拿起一瓶礦泉水，都可以在瓶身看到一列礦物成分清單。關於溶解礦物與咖啡，有兩種礦物尤其受人關注：鈣與鎂。這兩種礦物都有助於讓咖啡粉中的美味可溶物質被沖煮水萃取出來。若是少了這些礦物，沖煮水的萃取表現就會較差一些。這些礦物含量越高，萃取出的物質也就越多，不過萃取量越多不見得越好。

當萃取過量時，會沖煮出一杯不平衡、尖酸且過頭的咖啡。說到此處，就該提到鈣與鎂作用的差異了。鎂含量越高的水，酸度通常會越高，咖啡最終的風味表現也會與鈣含量較高的沖煮水不同。自來水通常不會鎂含量過高，而相較於鈣含量高的水，高鎂也比較不會形成水垢。

高鈣含量的水在全球都相當普遍，許多濾水器的運作方式就是為鈣交換不同離子，濾水器中的鈉離子常常都是使用食鹽（這類濾水器不會讓水喝起來變鹹，因為只有交換鈉，並非交換氯化鈉）。還有其他類型的離子交換濾水器適用於咖啡沖煮，接下來要討論的鹼度（alkalinity）則是影響風味尤其重要的性質之一。

要找到理想的鈣與鎂含量頗為困難，因為其中參雜了水垢如何自熱水形成，以及如何由溶液析出，並沉積於器材內部等複雜的因素。水垢的堆積是咖啡器材設備的一大問題。手沖壺相對容易除垢，但義式濃縮咖啡機或咖啡機的除垢則更為複雜又耗時。再者，每次打開手沖壺加水，很容易看得到有無水垢的堆積，但卸開咖啡機看看內部有無水垢生成，則不是那麼簡單，因此，發現有水垢問題時，往往都是設備已經損壞了。

一杯美味咖啡的最佳沖煮用水，也許並非是預防水垢生成的最佳成分。因此，我們要尋找的就是同時達到咖啡好喝，且沒有損傷咖啡機風險的甜蜜帶。幸運的是，這道甜蜜帶的範圍頗寬，而本章的目標就是幫助各位做出明智的決定，而非在相對沒那麼複雜的部分——自家水龍頭的自來水——徒增焦慮。

## 鹼度

關於水與咖啡之間的互動，礦物的影響僅僅是其中的一半。當碳酸鈣（石灰岩）從基岩溶解出，並踏上從雨水一路進入水龍頭的漫長旅程，碳酸鈣會以離子的形式存在，也就是鈣與碳酸氫根。碳酸氫根離子如同一種緩衝劑，最簡單的解釋就是，它們會調節水（或各位的咖啡）的酸鹼值。雖然一杯飲品的酸鹼值並不會確切反映出嘗起來有多酸，但身為緩衝劑的它，一定會對咖啡的酸度有所影響。

水的鹼度差異可以極大，而水的鹼度對於咖啡的影響也很直接。當鹼度過低時，咖啡嘗起來可能會尖酸咬舌；若是鹼度過高，則會變得乏味平坦。同樣地，此過程也如同嘗試追尋另一個甜蜜帶，雖然市面上買得到調整鹼度與硬度（hardness）的濾水器，但此過程其實主要是：了解在家沖煮的咖啡為何會有某些特定的味道。理想情況下，鹼度會以特定的方式與水中礦物產生關聯。礦物含量越高代表萃取量越多，而高鹼度則可以避免較高的萃取量，使得咖啡出現不討喜的酸敗或酸味。然而，現實世界鮮少如此理想。

## 水成分建議範圍

世上沒有「最佳」水成分，這點十分重要。每個人對於自己的咖啡都有不同的偏好與期望，而水在其中可以且應該發揮作用。並非所有人都喜歡高度萃取或爽脆明亮的酸味。每個人喝的咖啡都不會是同一種風格，而當不同人嘗試不同烘焙程度的咖啡豆時，有的人可能用自家自來水沖煮出了不錯的咖啡，但沖煮水成分相同的鄰居，則可能會因為使用了烘焙程度不同的咖啡豆，而不斷地在挫折中掙扎。

水成分指南經常以圖表表示，如第45頁中圖表的 y 軸為硬度（也就是總礦物含量），而 x 軸則是鹼度。此處的水成分建議範圍相對較寬，如果想要讓已經很優秀的咖

啡更美味一點點，也許可以將調整水成分視為一種調整與逐步改善的方向。

### 如何取得完美的沖煮水

所有關於咖啡的理論，應該都要能化為實際操作，但我必須坦白說，這方面的所有疑問還沒有令人滿意的解答。也就是說，準備最佳咖啡沖煮水的方式也可以分成幾種。

### 從自來水開始

首先，要了解自家自來水的礦物含量。許多國家的供水單位都會在網路上提供水源資訊，搭配郵遞區號查索會讓水源位置更準確。若是此方式行不通，也可以從網路上買到相當便宜的水質檢測工具。針對家用水族箱使用的水質檢測工具是最佳選擇，因為養魚的人最瞭解維持理想水質條件是一件多麼重要的事。這些檢測工具的使用期限頗長，需要時可再拿出來進行檢測——尤其適合在一年內水源成分會有波動的家庭。

如果各位的用水不會離水成分建議範圍（見第45頁）太遠，建議使用簡單的濾水壺即可。Brita或BWT品牌的產品在市面上頗為普遍，也很容易取得，而Peak Water品牌的濾水壺則是更針對咖啡使用的產品（因為增加了檢測鹼度的功能）。這些都是相對便宜且方便的濾水器，而且一旦回收，其中的離子交換器還能十分有效地再利用（大多數還有免運費的方案）。唯一必須注意的是，這類濾水器容易孳生黴菌與細菌，所以無論多常使用它，每個月都應該依照製造商的使用說明更換濾芯。

但是如果各位的水源成分落在距離建議範圍很遠之處，那麼就要有更積極的處理方式，也就是除去水中的所有雜質，然後進行再礦化。最簡單的方式就是使用類似Zero Water品牌的濾水壺。這類濾水壺會濾除所有雜質，留下的近乎於純水。接著就能在水中添加礦物，可以使用自己的礦物配方（見第45頁），或採用Third Wave Water之類品牌的產品——一小袋可溶解於水中的礦物粉，

## 水成分建議範圍圖表

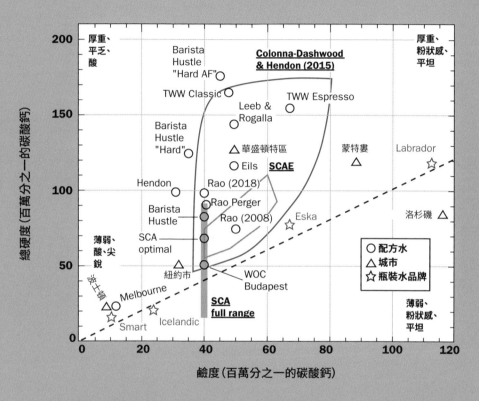

世上沒有最優質水或最佳水成分，但網路上的建議水成分、瓶裝水或某些城市的自來水，都不乏在硬度與鹼度之間取得了平衡。

上方圖表由《天文學家的咖啡物理學》（*The Physics of Filter Coffee*, 2021）作者強納森·蓋聶（Jonathan Gagné）繪製。此圖表點出了許多水化學與咖啡沖煮領域的研究成果（美國精品咖啡協會〔Specialty Coffee Association of America, SCAA〕與歐洲精品咖啡協會〔Specialty Coffee Association of Europe, SCAE〕的研究成果），再加上麥斯威爾·科隆

納一戴許伍德（Maxwell Colonna-Dashwood）與克里斯多福·漢登（Christopher Hendon）於他們的著作《咖啡之水》（*Water for Coffee*, 2015）列出的範圍。原則上，任何落在圖表中綠色、藍色與紅色區域的水質，都能沖煮出美味的咖啡。

水的硬度大小取決於水中礦物質的濃度，以百萬分之一（ppm）表示，其中包括碳酸鈣（calcium carbonate, $CaCO_3$）。軟水的碳酸鈣濃度小於50 ppm，而硬水則超過200 ppm。

可以直接調製出優質咖啡沖煮水。這種方式不會太過昂貴，但會增加工序。

另外，也可以使用逆滲透（RO）濾水器。逆滲透濾水器是將水推進穿過一層極細的濾膜，這層濾膜細到只有水能穿過，所有不可溶離子都會被留下。這類設備往往在水質極硬的地區有廣泛的商業使用，不過逆滲透濾水器也有缺點：很昂貴也很浪費。一般而言，逆滲透濾水器要濾出1公升的純水，必須耗費2公升的自來水。剩下那1公升的水就變成礦物濃度較高的廢水。某些設備能利用一小部分的高硬度廢水，將純水調製成理想的礦物濃度，但如果是家用，除非預算充足又需要大量軟水，不然不建議這類方式。

### 配方水

準備咖啡沖煮用水還有一種更積極的做法，就是自製配方水。首先，要花一點功夫找到自己的偏好或上網找其他建議配方，然後就可以開始製作便宜的配方水。看到這裡，你或許不自覺的挑起了眉毛，但我必須再次重申，水對咖啡的影響十分巨大，而某些自來水距離理想用水真的遠到不管用任何補救方式都不切實際。

製作配方水需要兩種原料：礦物與鹼。請準備以下各種原料，再加上水與電子秤：

瀉鹽（epsom salts）：也就是硫酸鎂（magnesium sulphate），這是一種在水中添加鎂的簡易方法。

小蘇打（baking soda／bicarbonate of soda）：也就是碳酸氫鈉（sodium bicarbonate），以此在水中添加緩衝劑（鹼度）。

蒸餾水：可利用Zero Water品牌濾水器過濾出純水，或直接購買蒸餾水或去離子水。

電子秤（精準度達0.01公克）：可在網路上購買。雖然較便宜的電子秤精準度可能無法到0.01公克，但其實也足夠順利做出配方水了。

為了讓接下來的計算更容易，最好的方式就是分別做出兩個溶液，一個是礦物液，另一個是緩衝液，濃度為1,000 ppm（parts per million）。步驟如下：

- 將2.45公克的瀉鹽，溶解入1公升的蒸餾水中。
- 將1.68公克的小蘇打，溶解入1公升的蒸餾水中。

接下來就能以此調製各種配方，以搭配

世界各大城市的水源或各種咖啡業界專業用水的特性（例如第45頁圖表所列）。建議可以參考網站**www.baristahustle.com**，因為該網站提供了許多配方、配方計算工具，以及關於咖啡與沖煮方面的相關資訊。

## 瓶裝水

現在還是常常可以看到，以不同瓶裝礦泉水沖煮咖啡的建議，雖然過去我也曾如此。然而，我不再建議將瓶裝水沖煮咖啡當作常規做法。

以瓶裝水沖煮咖啡能清楚地凸顯出水對咖啡的影響有多大。例如，各位可以試著用Evian與Volvic品牌的瓶裝水分別沖煮一杯咖啡，就可以嘗到兩杯咖啡的明顯差異。

不過，雖然某些礦泉水品牌或是超市販售的水很適合沖煮咖啡（現在各位已經知道要從標示尋找什麼資訊了），但我依舊對於使用瓶裝水所造成的浪費與環境影響感到相當不安。我不否認在某些情況下，瓶裝水確實是相當有效的解決方式，也頗具經濟效益，但我依然強烈建議，任何採用瓶裝水沖煮咖啡的人，須定期尋找是否有其他更好的替代方案。

# 電子秤

一組精準度至少達1公克的廚房電子秤，是沖煮出更美味咖啡的必要配備。不過，電子秤同時也會讓沖煮咖啡瞬間變得有些吹毛求疵、科學味十足又有點裝模作樣。以我個人觀點而言，電子秤能大幅簡化，並穩定一致地做出咖啡的流程。

測量咖啡粉量時，也可以使用湯匙測量體積，以代替電子秤測量重量。就我個人而言，並不太喜歡這種方法，我不想總是要擔心湯匙裡的咖啡粉堆得夠高嗎？或是我有選對湯匙嗎？另外，目測注水量也困難到令人惱怒，因為咖啡的「粉層膨脹」（bloom，咖啡粉的膨脹與起泡）程度也與咖啡豆的烘焙方式與存放時間有關。

咖啡沖煮過程可以簡化成一組流程，當準確執行流程時，製作咖啡時令人感到沮喪的變因將迎刃而解。一點點咖啡粉與水的比例變化，就能讓咖啡喝起來有驚人的差異。如果各位正在進行咖啡沖煮實驗，那會是相當有趣的體驗。但若只是一早起來想要做一杯美味咖啡時，這樣的變化差異往往令人抓狂。

我發現在喝咖啡之前的早晨，實在很難猜出我需要多少咖啡粉或水量。這對於早晨的我來說有點殘酷，所以我希望可以有各種的協助，然後把該進行思考的部分盡量外包出去。因此，電子秤讓我還未吸收咖啡因的遲緩大腦，能夠簡單地抓到沖煮比例，用不著太多思考就能做出一杯美味咖啡。對我來說，這是電子秤真正的價值所在，遠高於提供我一個實驗與探索的空間。

我曾經推薦使用珠寶鑑定電子秤，因為這是精準度達0.1公克最便宜的方式，但現在我建議可以採用較大秤臺面積的電子秤。即使製作的是義式濃縮咖啡，絕大多數的咖啡電子秤還是都能放進滴水盤上，因此可以在沖煮時量測義式濃縮咖啡的重量（見第183～189頁〈如何製作義式濃縮咖啡〉），同時也放得下濾杯把手（見第51頁），讓量測咖啡粉變得更簡易。這類較大型的電子秤也能容納絕大多數的咖啡沖煮壺。

廚房用電子秤的價格已經一降再降，所以能夠以相當便宜的價錢買到不論沖煮咖啡或烹煮與烘焙都相當實用的電子秤。如今，許多針對咖啡沖煮的電子秤精準度都已達到0.1公克，同時還搭配計時功能。這類計時功

能很不錯，但並非必要。

大多數人都有智慧型手機，也都有計時功能，不過我比較希望在不得不用手機時，盡量避免一大早就使用。

## 智慧電子秤

到目前為止，我們討論的電子秤常常被稱為「傻瓜電子秤」，與現在普遍且大力推廣的那些擁有無線網路或藍芽連結功能的電子秤形成強烈對比。我其實覺得「傻瓜電子秤」的綽號相當不公平，因為這類電子秤已經有一切必要功能，而「智慧電子秤」則是裝配了許多值得商榷的功能。

能以智慧電子秤看到並收集數據確實有其價值，但依舊是在有限的情況之下。我不喜歡沖煮咖啡的過程還必須操作手機連線，我也不喜歡手機與電子秤配對的痛苦過程，或是在我只是想要沖煮今天的第一杯咖啡時，還要一面抓狂地尋找為何它們無法配對連結的原因。

我對絕大多數人的建議就是，唯有當智慧電子秤具備解決某項特定問題的功能時再考慮。大多數智慧電子秤的編碼與應用程式介面設計都很糟糕，不僅無法提供具意義的資訊，也沒有什麼明顯的幫助。某些智慧電子秤的製造品質比較好，或是防水等級也

較高。我個人會在須要收集實驗數據時使用智慧電子秤，但這種情況也僅僅偶爾才會出現，所以我實在無法向大多數人推薦這類電子秤。

許多人要的其實就是一組製造品質良好且防水、讀數快速又準確的傻瓜電子秤。而讀數快速與準確兩者其實相互衝突。當電子秤進行測量時，讀數往往會出現許多雜訊，例如注水時水流力道的振動。為了做到讀數精確，電子秤必須收集許多數據，並經過處理以除去雜訊。這個過程也讓電子秤顯得反應有些遲鈍。當電子秤的讀數變化越快，準確度就可能越低。這方面的技術一直不斷地增進，但我依舊必須點出這方面的困難之處，因為精準的高價電子秤往往因此看似讀數反應比較遲鈍。

# 磨豆機

一臺優質磨豆機，是讓你在家沖煮的咖啡更美味的最佳投資。這句話千真萬確。

如果仔細深究，可以比較一下，頂級商用磨豆機預先磨好的咖啡粉，與便宜家用磨豆機現磨的咖啡粉，你會發現，前者沖煮出的咖啡嘗起來真的比較好喝。這是一項有趣的實驗，但對我來說，預磨會少了沖煮前聞到磨豆香的享受。而且，預磨咖啡粉也忽略了相當重要的一點，就是無法依照特定咖啡豆的研磨粗細與沖煮方式，調整出完美的研磨刻度。

## 磨刀式磨豆機（blade grinder，或稱螺旋槳砍豆機）

## 磨盤式與磨刀式

磨豆機有兩種類型：磨盤式（burr，或稱臼式）與磨刀式。雖然磨刀式磨豆機也能享受到現磨咖啡豆的芬芳，但不幸的是它的能力有限。這類磨豆機的槽內有一片高速旋轉的小型刀片，可以將咖啡豆切砍、斬碎成碎塊。最後磨出尺寸不一的碎塊，從極細的粉末到較大的粉塊都有。唯一能夠稍加調整的只有研磨時間的長短，因此粒徑大小的準確度很低。我在此強烈建議，趕緊升級成一臺磨盤式磨豆機吧。

磨盤式磨豆機的內部裝備了兩個切割磨盤。一個固定不動，而另一個則是緊靠著它轉動，並以馬達或手轉驅動。如果家中有胡椒研磨罐，那其實你已經擁有一臺初級磨盤式研磨器，而且我認為，新鮮現磨的胡椒為料理所增添的美味，遠遠不到磨盤式磨豆機提升咖啡美味的十分之一（因為咖啡粉是咖啡的主要原料）。

在挑選磨豆機時，可以依照磨豆機的四項要點來評估是否符合需求與預算。以下就來討論這四項要點。

## 1. 磨盤

　　磨盤式磨豆機的內部切割盤有兩種主要形狀：平刀與錐刀。一般而言，磨盤都是金屬製成，不過比較廉價的磨豆機會使用陶瓷磨盤。磨盤的切割邊緣設計具有許多的幾何形狀與圖案型態。內部尺寸較大的磨齒負責咖啡豆剛開始的打破、裂開，當咖啡碎塊慢慢向磨盤外移動時，會漸漸地被研磨得更細，直到尺寸細小得能夠穿過兩個磨盤的間隙。當調整研磨刻度時，調整的就是磨盤之間的間隙，以及咖啡粉能夠離開磨豆槽的尺寸。調整磨盤間隙的機制可以分為幾種，但以使用者的視角而言，不是旋轉磨豆機的刻度，就是轉動磨豆機的軸圈。而這些機制讓磨豆機得以做出相當細微的粗細調整。

　　咖啡業界目前的觀點是：某些磨盤最適合濾沖咖啡，某些比較適合義式濃縮咖啡，還有一些磨豆機則試著搭起兩端之間的橋梁。如果各位正值剛踏入咖啡旅程的階段，請記得，兩者之間的差異真的很小，若是買到的磨豆機比較傾向適合研磨義式濃縮咖啡粉，也不會讓你的濾沖咖啡無法下嚥。

　　如果預算充足，建議可以購買一臺金屬磨盤式磨豆機，因為這類磨豆機的品質通常比較好（當然，任何規則都有例外，但我認為這是一個不錯的選購指標）。當磨豆機價格往上拉的時候，各位的錢常常都是花在磨盤身上。這類磨豆機的製作品質更好，研磨成果也就更精確且機器的壽命更長。

### 平刀磨盤（flat burrs）

### 錐刀磨盤（conical burr）

在面對貌似磨盤式磨豆機的廉價機種要格外當心。這類磨豆機的售價通常低於50英鎊，其磨盤無法恰當地研磨，而是粉碎或壓碎咖啡豆。目前市面上有售價大約100英鎊起的可靠電子磨豆機，我個人會推薦這類磨豆機。不過，這類電子磨豆機研磨出的咖啡粉不夠細緻，無法製作義式濃縮咖啡。而能夠研磨出義式濃縮咖啡粉的磨豆機則遠遠昂貴許多，主要原因在於一組特定的零件：馬達。

## 2. 研磨尺寸的調整機制

如同前幾頁討論的，磨盤式磨豆機內部會有某種機制可以拉近或放寬磨盤之間的距離，如此便能根據不同的沖煮方式調整。調整間距的方式有兩種：刻度式或無刻度式。刻度式磨豆機移動磨盤之間的距離是固定的。這種方式往往相當有幫助，因為刻度等於提示了磨盤間距應該移動多少，同時也更容易回復磨盤間距的改變或設定。不過，請注意每一格的間距長度並非統一標準，某些磨豆機單格間距的咖啡粉顆粒大小差異會比其他機型大許多。

一般人常常會認為無刻度式磨豆機比較好，而且對於義式濃縮咖啡的製作而言幾乎可說是必要。尋找最佳義式濃縮咖啡粉粒徑尺寸的調整量必須非常小，而許多刻度式磨豆機的單格就可能從義式濃縮咖啡粉的太粗

直接跳到太細。而無刻度式磨豆機的確讓人覺得有點棘手，也可能會沮喪感十足，不過絕大多數的無刻度式磨豆機機身都會有一些視覺標示，或是一些製造商認為合理的「刻度」標示（見下圖）。

## 3. 馬達

　　磨豆機的售價有很大一部分都是貢獻給了馬達。研磨咖啡豆需要足量的力矩與力道，廉價磨豆機的馬達表現往往很有限。當研磨粒徑越細緻時，馬達具備的力矩就要越高，因此便宜磨豆機往往無法有效地研磨義式濃縮咖啡粉，同時還要不會卡住。磨豆機製造商會用這種方式防止使用者將研磨刻度調得太細。

　　能夠研磨義式濃縮咖啡粉的磨豆機就是因為有一顆強大的馬達，所以售價會從200英鎊起迅速揚升。這類價格的磨豆機馬達擁有很高的每分鐘轉數（revolutions per minute，RPM），如此才能創造足夠的動量，也才能研磨出義式濃縮咖啡粉必須的細緻程度。

　　關於磨盤速度是否會影響咖啡的味道，目前沒有大量證據，但頂級磨豆機常常能以較低轉速或可變轉速進行研磨。

## 4. 單份研磨與咖啡豆槽

　　傳統上，家用磨豆機的頂端會有一個儲存咖啡豆的豆槽，能放進一包咖啡豆的量。這種設計如今已開始漸漸消失，原因有二：首先是新鮮度的考量。咖啡豆最佳儲存環境是黑暗、乾燥的密封容器。磨豆機上的豆槽實在不太符合這些條件。再者，人們喝咖啡的習慣也有所不同了。越來越多人都會在櫥櫃裡放著兩、三種以上的咖啡豆，簡單來說，每次都要清空豆槽再更換不同咖啡豆的做法太不切實際。漸漸地，每次只會往磨豆機放進單份咖啡豆，研磨完成後隨即沖煮。市面上也因此開始出現無豆槽磨豆機或單份咖啡豆磨豆機。接著，某些關注焦點就開始放在磨豆機內的殘粉。每一臺磨豆機都會殘留一些咖啡粉，雖然單份磨豆機的目標是盡可能接近零殘粉。傳統上，裝有豆槽的磨豆機設計焦點不太會放在殘粉，因為主要目標是便利與某種程度的穩定一致。思考一下你想要如何沖煮咖啡——想要單份研磨的彈性，或是必須時常大幅調整研磨刻度——讓自己有更多資訊以選擇一臺最適合的磨豆機。

若是正在考慮購買磨豆機，以上都是主要考量，所以應該要知道自己是否想製作義式濃縮咖啡，甚至是未來會不會也想嘗試看看。除此之外，還有一些方面也可以思考：美觀、噪音（音量、悅耳或惱人的程度），以及居住地是否有該產品的售後維修服務。

對許多人而言，從國外進口價格漂亮的產品實在很誘人，但我始終比較支持有零件更換與維修良好的售後服務——磨豆機是如此，義式濃縮咖啡機更是如此（見第168～177頁，〈如何選購義式濃縮咖啡機〉）。

## 手動磨豆機

　　若是此處不討論一下手動磨豆機，那就真是失職了。少了馬達這項昂貴的零件之後，就能用遠低於同級電動磨豆的價格，買到一臺優質手動磨豆機。不過，依舊有幾個重點要注意：

　　入門級磨豆機往往都是陶瓷磨盤，不過現在已經有相當多手動磨豆機採用金屬磨盤。如果希望以優惠價格得到優質研磨成果，請選擇金屬磨盤。若是只想要淺嘗現磨咖啡的體驗，然後看看差異有多大，那麼25英鎊應該就可以買到一臺入門級磨盤式磨豆機。

　　除了磨盤本身，便宜磨豆機較差的往往都是維持磨盤移動穩定性的機制。磨豆機轉動過程中傳動軸通常會晃動，這代表磨盤間距會有變化，咖啡粉尺寸會因此較不一致。而品質較佳的手動磨豆機在材質與設計方面會比較好，以防止這類不穩的發生。

　　幾百或數千元（英磅）的手動磨豆機都有，差異在於它的材質、磨盤與磨豆機設計的精確度，以及製作品質。一臺價格250英鎊手動磨豆機的表現，往往相當於售價介於500～1,000英鎊的電動磨豆機。付出的代價就是每天早晨的勞力。手工研磨咖啡豆須花費的勞力不小，尤其是研磨刻度較細時。

某些人深愛這種儀式感，十分享受運作某種機制，然後產出新鮮且研磨精良咖啡粉的感受，整個過程讓沖煮與飲用變得更美好。另一方面，也有像我一樣覺得此過程勞動感比較沉重的人——我會覺得那筆花在電動磨豆機上的錢完全值得。

# 配件

到目前為止，除了咖啡沖煮器材（將在第87～129頁〈如何沖煮一杯優質咖啡〉介紹），所有關鍵要素都討論過了，此外就沒有任何東西稱得上真正必要了。

不過，現在是討論幾個關鍵器材與設備的好時機，在探索咖啡的旅途中，這些都是可能會選擇投資的器材。

## 咖啡豆存放容器

專門存放咖啡豆的容器與選擇很多。精品咖啡業界廣泛使用的咖啡袋的設計已經有所提升，這也代表咖啡袋其實是最簡單且最佳的咖啡豆存放方式。如果咖啡袋本身已有密封夾鏈，保存效果已經很難再更精準。不過，偶爾還是會遇到必須把袋中咖啡豆換到其他容器的情況，也許是因為咖啡袋無法密封，或咖啡袋並非理想的分裝容器。

以下是咖啡豆存放容器的三種主要類型：

**密封／氣閥容器：**這些容器很單純，就是密封不透氣。某些會加裝單向氣閥，讓容器中咖啡豆的二氧化碳可以逸出，但氣閥並非必要。各位可以使用梅森罐（mason jar）或特百惠（Tupperware）品牌的容器，它們與其他專門為咖啡豆設計的容器一樣。如果各位用的是透明玻璃或塑膠容器，請確保容器是放在黑暗環境，因為光線會加速咖啡衰變。

**排氣容器：**這類容器擁有一種將大部分空氣移出的機制，通常會有與容器緊密貼合的蓋子，置於咖啡豆頂部。長時間存放之下，這類容器無法明顯改善咖啡豆的狀態，在多數人用完一包咖啡豆的時間內也依舊無法有顯著改善。這類容器的製作通常良好，也很好用，在一定程度之下也能保證咖啡豆的存放狀態良好。

**真空容器：**這類容器有一種將大部分空氣抽出的機制（雖然不是全部），若是中至長期儲存，這類容器的效果會稍微好一些。如果將新鮮咖啡豆放進真空容器，隔天發現容器已經不是真空狀態也別太擔心，這很有可能是二氧化碳在負壓之下從咖啡豆中逸出，而不是外面的空氣竄入。這是最昂貴的容器，但如果預算充足又希望咖啡豆能保存更久，這類容器也值得考慮。

## 水壺

　　雖然水壺不是一種絕對必要的工具——
還有許多將水加熱的方式——但確實值得討
論一下,因為咖啡用的水壺選擇範圍相當
廣,價格帶也十分寬。

　　**手沖壺**:也稱為鵝頸壺,這是非常受
手沖沖煮法與少數幾種沖煮法歡迎的水壺。
手沖壺的細長壺嘴讓熱水能以可控的方式緩
慢注入,若是希望盡量限縮水柱的擾動,手

沖壺的形狀也能讓水柱盡可能地靠近咖啡粉層。手沖壺最初的價格十分高昂，但如今已大幅降低，若是經常進行手沖，我認為它十分實用，值得考慮。品質較好的手沖壺可以直接以瓦斯爐、電爐或電磁爐加熱，也可以用其他水壺加熱，然後迅速地倒入手沖壺開始進行沖煮。

**控溫手沖壺**：這類手沖壺在以下情況頗為實用，如果沒有電子加熱壺，控溫手沖壺就真的很實用；當準備沖煮中至深焙的咖啡，能以穩定的較低水溫（攝氏80～90度）沖煮，這時也極為實用。

然而，這兩種類型的手沖壺通常會設計成多功能，但品質都有些糟糕。如果在家常常喝茶，那麼這類水壺的容量往往有點太少。如果使用的是無須進行緩慢且可控注水的浸泡式沖煮法，例如法式濾壓或愛樂壓等，那麼用一般水壺就好。除此之外，還有某些可控溫的傳統水壺是專為飲茶者所設計，讓它們能以較低水溫沖煮白、綠或烏龍茶。

## 手沖咖啡

近年來，手沖咖啡變得極受歡迎。其實手沖咖啡進入家中咖啡沖煮範圍已經數十年了，而大約從二〇〇〇年代中期至二〇一〇年代初期，手沖咖啡在精品咖啡館也經歷了一場復興。

手沖咖啡是一個頗為寬廣的類型，屬於一種滲濾式沖煮法，沖煮過程會將水由咖啡粉層頂部注入，而咖啡粉通常會裝在錐型濾杯的濾紙內，接著，咖啡就會滴入下方的杯子或咖啡壺中。這類咖啡稱為滴濾咖啡，咖啡館中大量沖煮的咖啡也常會稱為滴濾咖啡。

手沖咖啡之所以廣受歡迎，就是因為入門代價不高又能好好地沖出一、兩杯咖啡，手沖過程還具備足夠的儀式感，讓人充滿真正親手做一杯咖啡的滿足感。

在挑選第一支手沖壺時，不論是形狀、風格或款式，選擇已經越來越多了。不過，好消息是無論何種風格的手沖壺，最便宜的款式都是塑料材質，塑料手沖壺的保溫表現比玻璃、陶瓷或金屬材質都好，完全是無須為品質妥協的絕佳起點（尤其是淺焙咖啡豆）

## 咖啡壺

　　最後一個值得討論的配件就是咖啡壺。咖啡壺絕非必要，完全屬於「擁有一個也不錯」的咖啡工具。許多濾杯都是設計為單杯容量，但某些濾杯可以一次沖煮出好幾杯。此時，就會需要一些可以裝盛咖啡的容器，而這就是絕大多數咖啡壺存在的目的。

　　一開始，專為咖啡設計的咖啡壺選擇很少，這也代表它們通常有點昂貴。如今情況已經不同，出現了一種令人心動的選擇。咖啡壺多數都是玻璃材質，我個人之所以推薦玻璃製的咖啡壺，純粹是因為煮好的美味咖啡裝在玻璃壺中，看起來真是美極了，陽光灑進咖啡透出的紅光色調，為早晨的咖啡增添了些許美好。

　　我還未討論到咖啡杯或咖啡專用品飲杯，因為能探索的領域實在太寬廣了，而且這方面也完全屬於個人喜好的範疇。其實一只外觀或重量討你歡心、能帶給你些許喜悅的杯子，就是正確的杯子。

3

# 如何品飲咖啡

沖煮出更美味咖啡的最快速捷徑，就是品嘗它，並且找出你喜歡或不喜歡的風味根源。

透過品飲找出改善方式，也許乍聽之下會有些含糊不清，但這種方法其實相當有效，而且滿足感十足。每當我與人們討論到這種方法時，許多人往往會因為覺得自己缺乏資深咖啡品飲家的味蕾與技巧而面露難色。不過，只要一點點的指引，他們往往會很訝異自己竟然能如此精準地嘗出小小的改變，也能輕易知道該如何調整配方或沖煮技巧，讓咖啡變得更美味。這無疑是一種須要鍛鍊才能發展的技巧，但其實人人都擁有成為優秀品飲者的潛質。

優質咖啡的樂趣就在於它的味道，不過，當了解這個味道是如何構成，以及為何、如何這麼美好時，就能多增添一層樂趣。首先，就來快速分析一下品飲的機制，接著再更具體地將品飲機制與咖啡連結。

# 嘴與鼻

**品飲相關的文字語言也許令人沮喪。目前發現的基本味道有五種：甜、鹹、酸、苦、鮮。這些味道都是由我們嘴中的味蕾偵測。**

我們口中除了上述的五種味道，也有其他味道感受，例如澀味、辛辣刺激、香辣食物的熱焰，或金屬的味道。味蕾運作方式其實頗為簡單，也就是不同化合物會觸發特定的接收器，並進一步觸發神經通知大腦嘗到了什麼味道。各位也許也看過「超級味覺者」一詞，代表的就是味蕾數量高於平均值的人。身為超級味覺者並不一定是好事，例如他們就會對鹽分特別敏感，所以一起共享菜餚時，調味就會變得有些棘手。超級味覺者往往不會喜歡咖啡，因為他們嘗到的苦味會更為強烈。不過，身為超級味覺者並不代表他們的味覺可以感受氣味，或是擁有能夠偵測到味覺之外任何感受的味蕾。

曾經有感冒或失去嗅覺經驗的人都知道，其實當下依舊嘗得到基本味道，雖然此時的注意力大多會放在食物少了——氣味。食物複雜性，也就是風味的關鍵特徵之一，就是由鼻腔頂部的嗅球所偵測。氣味與香氣源自揮發性有機化合物——揮發性代表這類物質在室溫之下很容易蒸發，所以會飄散於空氣中。以化學領域而言，有機化合物就是可能來自生物的碳基化合物。嗅覺是一種不可思議的功能，當嗅球偵測到這類化合物的瞬間，就能決定它聞起來是什麼氣味。更驚人的是，即使是大自然從未存在過的實驗合成化合物，鼻子也能在瞬間知道那是什麼氣味，例如可能是木質調的氣味。而且，任何聞到的人也都能有相同感受。

關於味道語言尤其困難之處，就是味道與氣味之間的差異。香氣是一種透過鼻子產生的感受，源自吸入充滿揮發性有機化合物的空氣，例如在咖啡入口前先嗅聞。接著咖啡入口，在口中出現一些味道的同時，吞嚥過程也會自動進行吞嚥呼吸（swallow breath）。各位現在可以試試看：吞嚥，然後口腔會立即向上吹送一點點氣，最後從鼻子呼出。這個動作會將剛剛嗅聞時感受到的相同揮發性化合物，再次送至嗅球。不過，多數人在同一時間感受到的，是混合了口中味道與鼻中氣味，要區分兩者並不容易，尤其這還是後見之明。

其實有個非常簡單的方法可以區分味道與氣味，而且可能小時候就很熟悉這種方法了：遇到不喜歡的食物時，就捏著鼻子吃下

去。捏住鼻孔會讓吞嚥呼吸變得比較不順，所以那些你不喜歡的氣味就無法吹送到嗅球。如果現在手邊有任何食物，絕對是立即嘗試一下的好時機。把書放下，拿起食物，捏住鼻子，嚼一嚼食物，思考一下此時感受到什麼，然後再放開鼻子。是不是有種黑白電影瞬間添上色彩的感覺？

許多食物與飲料都有極大量不同的香氣化合物，等著與嗅球對應。我們的大腦很聰明，它會先處理味道的訊號，然後將味道資訊當作線索區分氣味。當舌頭感覺到大量柑橘類的酸味，大腦就會挑出類似柑橘類的香氣。這也是為何有時能以咖啡風味的描述，大概猜到這杯咖啡的酸度。

人們似乎對於某些人能嘗出食物不同風味的能力大感欽佩，好似他們能夠偵測且辨認出一個個不同的揮發性化合物。有時也的確如此，但十分罕見。絕大多數的情況是，品嘗者都試著在食物或飲料的味道與氣味之間找出關係。當某人描述一杯咖啡有草莓風味，其實並不代表咖啡裡真的含有與草莓相同的揮發性化合物，也不代表某支品嘗者描述帶有草莓風味的葡萄酒與這杯咖啡含有相同化合物。雖然食物有客觀氣味，但不同大腦會用不同的方式分析與破解大量資訊，所以風味的體驗往往比較主觀。

好消息是，沒有什麼答案是錯的。如果有某杯咖啡讓你想到西瓜，但沒人有這種感覺，也不代表你是錯的。我們的大腦都各自擁有一組獨特的嗅覺與味覺體驗及辨認模式，這是從出生至今一點一滴打造出來的。能夠將一杯咖啡或一杯葡萄酒風味描述得比別人更精確，對於人生真的一點意義都沒有。真正有價值的是，了解你所喜愛的味道、你所喜愛的體驗，以及仔細留意讓一杯優質咖啡之所以複雜且極致優美背後的那幅風味光譜。

## 爛咖啡的優點

關於品飲的學習，我覺得有一個面向特別值得點出。一旦真的開始留意風味、搜尋恰當的描述字詞，並且嘗試以品飲感受描繪出一幅文字畫像時，想要暫停一下、單純好好享受面前那杯飲品其實並不難。

打個比喻，就像是料理一場晚宴，身為料理者的你，吃到自己料理的食物時，往往都會不停的尋找有那些地方還須改善。就算有人稱讚食物，你仍然會極力關注於是否有哪些地方做錯了：是不是煮過頭了，或是調味不精準，你會不斷地想著有哪些地方可以做得更好。其實一般人並不會這樣的評斷料理，他們只會帶著一個簡單的問題享受食物：我喜不喜歡？當為你下廚的人明顯覺得餐點有所不足——即使你覺得很滿意——時，只要換個角度想，你就明白了。

這是一條微妙的界線；仔細聚焦於某項事物就可以挖掘出更美好的事物，但目光也很容易變得只放在缺點而非優勢。以我個人經驗而言，自從有意識地品飲成為我工作的一部分之後，我花費了大半人生在此問題反覆循環掙扎。我能給出的最佳建議，就是有時可以吃一點或喝一點真的不是很好的東西。爛咖啡到處都買得到，它會讓你對咖啡的沖煮或品飲有重新的定義。我們都需要接觸一些醜陋，才能看到世上的美麗。

# 比較式品飲

學習品飲咖啡（也就是了解與拆解品飲咖啡的體驗）是相對容易達成且非常值得的。想要在最短時間內得到最高的回饋，其實只有一種方法：比較式品飲。

比較式品飲在葡萄酒或威士忌領域相當受歡迎，但在咖啡界依舊相對罕見。而只要稍加引導，比較式品飲能非常快速瞭解自己喜愛什麼，以及為何喜愛。只要準備兩杯不同的咖啡就可以進行訓練，雖然更多杯的幫助會更大。如果是在剛起步的階段，建議一次不要品飲超過五杯不同的咖啡。一次品飲十幾支不同葡萄酒會令人難以承受，換作咖啡也是如此。

咖啡業界很流行引導式的品飲筆記或評分表。對於品飲初體驗的人而言，我覺得這是相當實用的工具，提供架構及記錄想法的空間。不過，我認為長期撰寫咖啡品飲筆記不具有高度價值——咖啡的變化多元，不太可能重拾與反映過去經驗。即使找到同一座咖啡莊園的咖啡豆，也出自同一間烘豆公司之手，不同年度的咖啡豆也會有所轉變（不過我同意品飲筆記可以追蹤單一莊園每年的轉變）。

## 從哪裡開始

比較式品飲的作法很簡單，而且可以利用手邊任何沖煮設備進行調整。在咖啡業界，咖啡品飲的過程必須經過高度標準化，因為品飲的目的是評斷咖啡豆本身。因此進行品飲的咖啡，必須用一種特定方式沖煮，如此便可輕易地在多種咖啡豆與多次沖煮之間，重複以同樣的方式沖煮。然而，如果只是想要比較兩杯不同的咖啡，其實就無須限制用如此一致的方式沖煮。

我推薦大家先準備兩個法式濾壓壺，然後同時沖煮兩杯不同的咖啡。不過，如果只有一個法式濾壓壺，另一組可能是手沖器材，那麼同時比較法式濾壓咖啡與手沖咖啡也完全沒問題。也可以做特定面向的訓練，進行特定的比較式品飲，例如以相同的咖啡豆用兩種不同的沖煮方式完成兩杯咖啡，但目前只須準備兩杯不同咖啡即可。它們可以是不同產地的咖啡豆，或相同咖啡豆但不同烘豆商，又或是兩種不同沖煮方式。重點很簡單，兩杯不一樣就好，對於剛起步的人，我建議兩杯咖啡差異越大越好。

兩杯咖啡沖煮完成之後，先冷卻一會

**咖啡：**

| | 香氣 | 酸味 | 甜味 | 醇厚度 | 尾韻 | 風味 | 整體表現 |
|---|---|---|---|---|---|---|---|
| 量 | 低 高 | 低 高 | 低 高 | 低 高 | 短 長 | | |
| 質 | - + | - + | - + | - + | - + | | /10 |
| 筆記 | | | | | | | |

**咖啡：**

| | 香氣 | 酸味 | 甜味 | 醇厚度 | 尾韻 | 風味 | 整體表現 |
|---|---|---|---|---|---|---|---|
| 量 | 低 高 | 低 高 | 低 高 | 低 高 | 短 長 | | |
| 質 | - + | - + | - + | - + | - + | | /10 |
| 筆記 | | | | | | | |

**咖啡：**

| | 香氣 | 酸味 | 甜味 | 醇厚度 | 尾韻 | 風味 | 整體表現 |
|---|---|---|---|---|---|---|---|
| 量 | 低 高 | 低 高 | 低 高 | 低 高 | 短 長 | | |
| 質 | - + | - + | - + | - + | - + | | /10 |
| 筆記 | | | | | | | |

**咖啡：**

| | 香氣 | 酸味 | 甜味 | 醇厚度 | 尾韻 | 風味 | 整體表現 |
|---|---|---|---|---|---|---|---|
| 量 | 低 高 | 低 高 | 低 高 | 低 高 | 短 長 | | |
| 質 | - + | - + | - + | - + | - + | | /10 |
| 筆記 | | | | | | | |

兒。即使喜歡品嘗燙熱的咖啡，但在比較式品飲的練習中，應該等它們放涼至溫熱。主要是因為味覺與嗅覺在食物接近體溫時會表現得更好。極燙或極冰的食物會嚴重減損我們的品嘗能力，即使面對的僅是簡單的氣味。沁涼的可樂喝起來爽口且平衡、甜而不膩。但如果放至室溫，可樂的甜味會瞬間變得有些不舒服且過於強烈。這是因為嘴巴此時能夠更精確地偵測到裡面實際放了多少糖！咖啡品飲也是同樣的道理，如果各位能在咖啡從滾熱到冷卻的狀態，一路品飲，就能經歷咖啡溫度在較低時風味的「展開」。咖啡專家往往都會等降至室溫再進行品飲，以確保能完整體驗咖啡的好與壞。

## 如何使用品飲評分表

第78頁是可以著手嘗試的品飲評分表。之所以向咖啡品飲新手推薦這份評分表，是因為它的架構相當簡單。別覺得每一類型的筆記欄都必須用上，它們就只是放在那裡，確保在需要記錄些什麼的時候可以使用。慢慢花點時間熟悉它，建議進行這種品飲方式時花費至少20分鐘，你將會為自己能從咖啡得到如此多感受而驚豔萬分，尤其在咖啡逐漸冷卻之後。

在最初的數次品飲時，第一欄的香氣可以選擇不填。香氣欄是在咖啡入口之前，記下對於一杯咖啡的最初印象。咖啡的香氣也許是最讓人享受的面向，即使是不喜歡咖啡嘗起來的味道的人，也可能會覺得咖啡香怡人。在入口之前嗅聞，咖啡的香氣強烈嗎？你喜歡嗎？如果有什麼香氣對你而言十分明顯，放手嘗試描述它聞起來如何吧。

開始入口品飲時，可以將注意力放在咖啡的單一味道上。就拿酸味為例，酸味是咖啡較具挑戰性的味道之一，有些人熱愛咖啡的明亮、爽脆與果汁般的鮮活，有些人則是不太喜歡酸味。此時，焦點先別放在自己的喜好程度，只要試著專心感受第一杯咖啡有多酸，接著與第二杯咖啡相比。哪一杯咖啡比較酸？兩杯的差異很大或只是些微？兩杯的酸味感受一樣嗎？然後，開始想想嘗到的酸味屬於酸敗與咬舌，或是清新且怡人？在品飲評分表中，酸味欄可以記錄酸味的程度，但也可以寫下你是否喜歡與多喜歡。對有的人來說，酸味這類東西可不是越多越好。

反覆品飲這兩杯咖啡，一次專注於一個面向。一旦覺得自己已經釐清了兩杯的差異，就可以換到下一個屬性：哪一杯咖啡感覺比較甜？然後，可以專注於兩杯咖啡各自的醇厚度（body，有時也稱為口感）。哪一杯感覺比較飽滿且厚重？哪一杯則是比較輕盈？

尾韻則是嚥下口中咖啡之後，口中關於咖啡的感受多久才會消散。咖啡有在口中徘徊綿延嗎？還是似乎很快全然消失了？留下的是舒服怡人的感受嗎？還是嚥下咖啡之後，就想趕快喝些水沖淨口中的味道？接下來，就可以進入風味了。

描述風味的訣竅就是先從範圍較廣的類型挑選。沒有人會一下子就直接說出精確的特殊名詞（不過，如果有特定的字詞跳進腦中，記得把它寫下來）。咖啡裡有水果風味嗎？有出現一些堅果或巧克力的特質嗎？只嘗得到咖啡的那種烘烤味嗎？一旦腦中鎖定了某個廣泛類型，就可以開始深入鑽探。

如果這杯咖啡充滿果味，那麼它會讓你想到哪種水果。它有柑橘類水果的銳利酸味嗎？它的爽脆風味偏向蘋果嗎？它會讓你想到莓果嗎？若是想要，可以盡量在單一類型一路延伸鑽探，葡萄酒或咖啡的風味輪就是此過程的指引。有的人會覺得風味輪不太好用，而是比較想要直接找到精確的描述，這也沒什麼問題。另外，各位也完全不一定要使用任何特定咖啡語言。某個歷久不衰的咖啡風味形容詞是「晚年的馬龍白蘭度（Marlon Brando）」，以令人驚豔且精準的方式傳達了眾多資訊。

## 品飲的收穫

在品飲的尾聲，很值得開始想想自己喜歡哪種咖啡，以及為何喜歡？享受咖啡的哪個面向？越是經常以這種方式品飲，就越是能夠了解自己喜愛的風味輪廓，而買到一包每天早晨都能真正享受的咖啡豆的機率也將大大提升。另外，比較式品飲相當有趣，此過程也可以為任何已經很愛的食物或飲品（不論是巧克力或起司）增添亮眼的新元素，也能幫助各位在廚房精進更棒的食譜。我認識已在咖啡產業工作四十年的人，直至今日，他依舊樂此不疲地持續進行比較式品飲。

### 分享筆記

如果要與其他人一起品飲，我強烈建議可以與朋友或家人同樂，然後在品飲過程中，建議先不要說出品飲感受。每當有人大聲說出描述時，就可能引導出某種偏見，此時所有人就會嘗試尋找這類特定的味道，變得更難品飲出其他風味。即使是經驗豐富的品飲者也相當容易受到暗示。不過，當品飲結束後，我就非常建議絕對要比較各自的筆記，討論各自同意或不同意之處，接著繼續品飲。就像是第74~75頁的討論，我們的大腦會以各自不同且獨特的方式拆解與拼湊一杯咖啡的感受，因此沒有任何人擁有「正確的」感受或寫下「對的」形容。

4

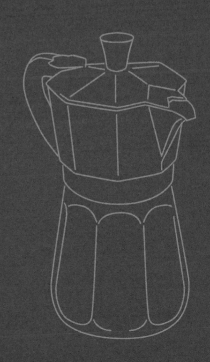

# 如何沖煮一杯優質咖啡

　　打從人們開始喝咖啡以來，就不斷地探索實驗各種沖煮方式。咖啡沖煮的相關發明無數，受到眾人歡迎而流行的沖煮方式也是數量驚人。這代表如果想要討論如何沖煮出更美味的咖啡時，也須思考它是否能同時應用於不同沖煮工具，例如愛樂壓與法式濾壓。

　　本章將介紹眾多沖煮法的細節與步驟，在此之前，先聊聊更多關於咖啡沖煮更廣泛的面向。如此一來，當面對從未聽聞的事物，即此處並未討論到的東西時，就很有機會能以涵蓋更廣泛的萬用觀念迅速做出美味咖啡。

　　除此之外，我再重申一次，世上沒有任何一條正確的咖啡製作方法。有時，玩一玩、嘗試新事物、新技術或想法是非常有趣的。而我將介紹各種技巧，讓各位在完成一杯優質咖啡的過程盡可能減少困惑或耗費不必要的精力。我希望它們可以成為各位的基礎技巧，並隨著對咖啡沖煮的認識加深之後，各位也將能無所顧忌地即興發揮，或在興致一來時隨性修改。而當只是想要喝杯咖啡時，還能回到基礎技巧且每次都能完成一杯美味咖啡。

# 咖啡沖煮的萬用理論

本章內容的目標是了解如何沖煮出優質咖啡的基本方法與原因。此處介紹的原則能應用於所有咖啡沖煮法。雖然接下來介紹的是咖啡沖煮方式，但如果只想要製作義式濃縮咖啡也可以細細閱讀這部分。

咖啡豆在歷經烘焙過程之後，會與咖啡樹上的生豆變得完全不同。烘豆過程除了會創造出構成一杯怡人且有趣咖啡的核心——香氣之外，咖啡豆也會變得又脆又多孔隙。在將咖啡豆敲碎的同時，也打開了更多的表面積，而表面積正是決定沖煮咖啡能得到多少風味的主要關鍵。接下來會提到一些淺顯的數學（所有人的最愛！），認識這部分有助於做出一杯更美味的咖啡，或是更了解做出一杯爛咖啡的原因。

## 認識萃取

一般典型的咖啡粉中，大約有70％為不可溶物質，所以一份咖啡粉經過無數次沖煮之後，依舊會剩下必須被丟掉的咖啡渣。而可以溶解於水中的化合物，就是組成一杯咖啡的風味物質。理論上，最高萃取率大約就是咖啡粉的30％。

咖啡業界曾經討論過理想萃取率的範圍：18～22％，一般認為這是美味咖啡的良好範圍。這聽起來也許有點抽象，那就為它加上一些數字吧。

假如打算進行手沖，準備了30公克的咖啡粉與500公克的水，然後做出一杯萃取率20％的咖啡。接著，若是將咖啡渣放進烤箱，以非常緩慢的速度將所有剩餘水分烘乾，那麼剩下的乾燥咖啡渣重量應該就是咖啡粉的80％，也就是24公克。沖煮出的那杯咖啡應該包含了消失的6公克咖啡粉，這些咖啡粉現在正溶解於水中，賦予這杯咖啡色澤、風味與口感。

從前萃取率的測量方式大致就是如此：烘乾咖啡渣是取得咖啡萃取範圍的技術。不過，在這十幾年間，這種技術已經被一種現代科技所取代，也就是利用咖啡濃度計（refractometer，又稱為折射儀，這是一種測量液體濃度的儀器）量測咖啡液體。這代表現在能以咖啡的折射率（refractive index）轉換成代表咖啡強度的數值。

在剛剛提到的例子中，咖啡濃度計的咖啡強度數值可能是1.36％。再搭配咖啡液體的重量測量（不能直接使用一開始500公克的水重，因為部分水分已經被咖啡渣吸收

了）：440公克，那麼就能簡單計算出咖啡的萃取率（440 X 1.36 ≅ 6 g）。因此，萃取比例就是6／30公克（咖啡粉重量），也就是萃取率20%。

也可以選擇為咖啡液體進行脫水，然後測量剩下的物質重量。這是一種更加單純的方式，即溶咖啡的製作方法就是如此。一茶匙的即溶咖啡是純粹的咖啡可溶物質，是經過沖煮並冷凍乾燥而形成的迷人小顆粒（長得有點像新鮮現磨咖啡粉），接著包裝販售。

萃取率的測量是咖啡業界非常關注的問題；它可以用在咖啡的研究與開發，也能幫助咖啡館的飲品維持一致的標準。除此之外，了解萃取率也十分實用，因為可以更理解常見的兩個重要咖啡術語：萃取不足與過度萃取。

## 萃取不足與過度萃取

萃取不足曾經定義為咖啡液體的總萃取率低於目標萃取範圍，而過度萃取則是總萃取率高於範圍。然而，在更深入了解咖啡沖煮的過程之後，開始重新評估這兩個術語的使用方式，以及它們真正的含義。

這兩者從前的單純定義的缺點在於：無法真正幫助我們了解為何沖煮結果會不好喝。在過去，萃取不足的解決辦法就是將研磨刻度調細，相反地，過度萃取就是研磨得粗一些。這種解決方式最初看似合理——咖啡粉較粗時，總表面積會較小，因此用較少水量就能夠從咖啡粉取得風味。令人困擾的是，這種解決辦法無法在現實世界如願地解決一杯有問題的咖啡。

# 粒徑圖鑑

義式濃縮咖啡（Espresso）

摩卡／愛樂壓
（Moka/AeroPress）

濾沖咖啡
（Filter coffee）

法式濾壓（French press）

大量沖煮（Batch brew）

# 當這杯咖啡嘗起來很糟糕時

談論一下萃取不足與過度萃取咖啡的風味，對認識咖啡十分有幫助。萃取不足的咖啡嘗起來通常十分輕薄，並帶有明顯不討喜的酸敗或尖酸。過度萃取的咖啡則有強烈的苦味、澀味與不舒服的尾韻。

多年來，許多人都將研磨後的咖啡粉視為一種同質物，因此，不是錯失過多風味，就是拋下過少風味。許多咖啡之所以喝起來很糟糕，就是因為沒有捨棄足夠風味，或是捨棄過多風味。在本書不斷反覆出現且貫穿各種沖煮技術的共同方向，就是盡可能達到咖啡萃取均勻的概念。

人們對於追尋咖啡萃取的均勻，如同一頭栽進迷宮，最初的投資會有巨大的回饋，但最終往往變成埋頭追尋的理想，這也是為何人們願意花費數十萬元購買磨豆機、沖煮器材或義式濃縮咖啡機。如同日常生活中的許多事物，咖啡也相當容易上手。一旦熟悉某些簡單的技巧，就能輕鬆做出美味的咖啡，然而，如果追尋的是最終2～3%的卓越，學習曲線也將隨之變得更為陡峭。許多人認為奮力追求最後些許的進步相當不值得，但對某些人而言，那將帶來巨大的喜悅──雖然往往也會一併犧牲錢包。

萃取均勻並非僅在於如何沖煮，也與沖煮什麼有很大關係。例如，若是沖煮粒徑範圍相當大的咖啡粉，想要達成萃取均勻就會變得非常困難。磨刀式磨豆機（見第54頁）會產出粒徑範圍較大的碎塊，這類咖啡粉實在很難沖煮出真正萃取均勻的咖啡──雖然有少數幾個訣竅與祕訣能做出不錯的咖啡。

第90頁的圖片是不同沖煮方式適合的咖啡粉研磨粒徑。下一章會談論更多關於各式沖煮法的細節，不過要記住的是，不論研磨尺寸為何，關鍵都在於粒徑的均勻。

# 如何控制萃取

**咖啡粉的萃取程度主要會受到兩種因素影響：咖啡研磨方式，以及沖煮水量。以下會先討論這兩種因素，接著再介紹其他少數幾項關鍵因素。**

水並不是特別擅長帶出咖啡粉內的風味，而是單純地帶出暴露在咖啡粉表面的物質。當咖啡豆的量一定時，研磨得越細就暴露越多表面積。理想上，這是唯一須要調整的因素，但當咖啡粉研磨得越來越細時，就越來越難與最終的咖啡液分離。如果使用的是濾紙，液體在穿過細小如沙包的咖啡粉層時，就必須更奮力掙扎。最糟糕的情況是，水流找到穿過咖啡粉層的某些通道（channel），而從這些通道流下的水量就會比咖啡粉層的其他部位更多。因此，通道沿線的咖啡粉就會經過程度極高的萃取——過度萃取——而其他的咖啡粉則因為水量比例較少而萃取不足。

接著必須談到第二種關鍵因素：沖煮水量。在咖啡沖煮過程中，水扮演的角色是風味的溶劑。使用的溶劑越多，溶解出的風味也就越多。例如，以相同的咖啡製作法式濾壓咖啡，但其中一壺使用的沖煮水量較多，那麼水量較多的那杯咖啡強度就會較低，但測量萃取率之後，會發現，它反而從咖啡粉萃取出更多可溶物質。若是以手沖咖啡實驗，情況似乎又更為明顯，沖煮水量較高會

萃取出更多風味；額外的沖煮水從濾杯的錐形底部滴出時，都會帶有顏色與香氣，因此確實從咖啡粉帶出了更多物質。

如果某人用一支絕佳咖啡豆、乾淨的優質水，並且以磨盤式磨豆機（見第54頁）研磨，卻沖出了一杯爛咖啡，那麼有75%的機率會是以上這兩種因素出了差錯。這也是為何電子秤對於咖啡沖煮是如此實用（見第53頁），因為電子秤能讓我們得知且進一步掌控咖啡的關鍵面向。

# 溫度

許多人都在談論溫度對於咖啡沖煮造成的影響，雖然溫度確實有明確且重要的影響，但其影響力可能有些誇大了。

水溫越熱，就能萃取出越多咖啡風味，在某些情況中，這其實並非一件好事。相較於較深焙的咖啡豆，淺焙咖啡豆的可溶物質較少，深焙咖啡豆同時也包含了更多帶有苦味的化合物。若是以非常熱的水沖煮深焙咖啡豆，就會做出一杯相當苦的強烈咖啡。因此，建議各位使用沸騰（或接近沸騰）的水沖煮極淺焙咖啡豆，中焙咖啡豆的沖煮水溫可採用攝氏90～95度，深焙咖啡豆的沖煮水溫則能落在攝氏80～90度。此水溫為壺中溫度，因為法式濾壓或手沖咖啡的沖煮過程中，實際水溫通常會比壺中溫度低不少。

## 不同焙度的沖煮水溫

極淺焙：95～100°C
淺焙：92～100°C
中焙：85～95°C
中深焙：80～90°C
深焙：80～85°C

# 均勻度

均勻度真的不是一種應該著手把玩的變因，比較像是一種沖煮的結果。

均勻度在於能否讓所有咖啡粉都接觸到大致相同的水量。但是，想要達到真正一致是不可能的。即使使用最棒、最昂貴的磨豆機與磨盤組，咖啡豆在研磨過程中，一定會破裂、碎裂成粒徑不一致的咖啡粉。這樣的咖啡粉依舊能做出無與倫比的美味咖啡，只要試著讓腦中那句「是不是還可以更一致？」的聲音降低就好。

當練習某個沖煮技巧，或試驗某個新點子時，可以留心這些調整或新流程可能會如何改變沖煮的均勻度。當沖煮均勻度越高，咖啡嘗起來就會更甜，主要是因為少了一些感受咖啡甜味的干擾，酸味、澀味與苦味都更少。我並非鼓勵大家陷入這個無底洞，而是在沖煮結果有鮮明瑕疵或試著找出背後原因時，再來思考這類關於均勻度的問題。

可以利用這些關鍵的苦味與酸味做為引導，以實際品飲進行調整，一定比依靠咖啡濃度計的讀數（見第88～89頁）更為重要，因為沖煮咖啡的重點就是品飲，而不是完成某種技術考試。如果這杯咖啡讓你感到喜悅，如果這杯咖啡讓你覺得意猶未盡，那麼就好好享受它，然後試著下次也沖出這樣的成果，無須仔細拆解，不斷嘗試有什麼方法可以讓它變得更好。想要更精進的想法也許頗具挑戰性，但同時也失去了快樂，沒有人希望早晨愉快的咖啡時光被偷走。

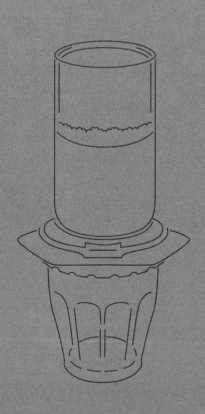

# 如何讓沖煮器材發揮最佳表現

# 法式濾壓壺

我認為法式濾壓壺是一種被低估的沖煮壺，但值得感恩的是，它仍然極受歡迎。

雖然大多法式濾壓壺都是長年待在櫥櫃深處，並收集著灰塵，但它其實是一種既美妙又簡單的咖啡沖煮方式。咖啡沖煮器具的歷史常常讓人感到困惑，而法式濾壓壺又是最廣為人知的沖煮工具，因此其歷史尤其混沌不清。這類沖煮壺的第一份專利設計可追溯至1852年，出自馬耶（Mayer）與德爾福格（Delforge）兩位法國人之手。不過，這份設計並未成功取得商業發展。而法式濾壓壺的誕生，一般都認為是1929年由安堤利歐·卡利馬尼（Attilio Calimani）提出的專利申請，雖然卡利馬尼是一位義大利人。法式濾壓壺先是在法國稱為「Chambord」並流行起來，隨後再以「La Cafetière」之名於英格蘭登場。如今，這兩種名稱都已是法式濾壓壺的品牌名。

## 沖煮方式

**水粉比例建議**：60～70公克／公升
**粒徑大小**：中至中細
**選購建議**：經典法式濾壓壺的材質是玻璃，市面上多數濾壓壺壺身也都是玻璃製。不過，如果預算足夠，我會推薦升級為雙層不鏽鋼，原因有很多。主要是因為不鏽鋼不像玻璃材質容易打破，雖然售價較高的玻璃法式濾壓壺通常會採用品質較好且較強化的玻璃，但不鏽鋼法式濾壓壺卻可以使用一輩子。再者，大家也許會擔心不鏽鋼材質降溫較快，但我推薦的雙層不鏽鋼法式濾壓壺的絕熱效果其實比玻璃製更好。

有的人會認為不鏽鋼沖煮壺的咖啡會有某些「瑕疵味」或金屬味，但我從未在盲品測試感覺到任何差異。不過，也有可能那些人比我更敏感。

**保養方式**：每次沖煮之後，都應該以肥皂水洗淨。如果沖煮壺因為某些原因開始累積出棕色的垢漬，可以準備溫度很高的熱水1公升，放進1茶匙（10公克）的義式濃縮咖啡機清潔劑（我用的是Cafiza，但其他品牌的效果也很好），將法式濾壓壺放入浸泡數小時後，再徹底洗淨。

## 沖煮步驟

**1** 完成咖啡豆研磨後，請立即進行沖煮。把法式濾壓壺放在電子秤上，然後倒入咖啡粉。讓電子秤歸零。

**2** 將水煮沸，依照設定的理想沖煮水溫（見第94頁），將所需水量倒在濾壓壺的咖啡粉上。靜置濾壓壺4分鐘。

**3** 拿出一柄大湯匙，輕柔地攪拌在頂部形成的咖啡薄層。

**4** 拿出兩柄大湯匙，將所有泡沫與漂浮的咖啡粉舀出。

依照各位的偏好與急切程度，等待3～5分鐘。等候時間越長越好，如此一來能讓更多咖啡粉（尤其是細小碎塊）有時間慢慢沉至濾壓壺底部。

## ▶ 啟動沖煮

使用法式濾壓壺的樂趣就在於技巧需求極低,又真的能將咖啡沖煮得很好。無須擔心萃取均勻度,或是沖煮過程該如何調整,相反地,須要留心的技巧主要是如何減少咖啡泥流入杯中。這類浸泡式沖煮法通常都能達到極佳的均勻度,在各種研磨粒徑之下也能有不錯的萃取表現。當研磨粒徑較粗時,可以且應該浸泡較長時間,若是咖啡豆研磨得越細,則越難做出一杯沒有沉澱物的法式濾壓咖啡。若是沖煮出一杯較弱且有不討喜酸味的咖啡,建議下一杯可以研磨得更細一些。如果咖啡有點太強烈或太苦,那麼可以將研磨刻度調粗一些,就能更加平衡。

有的人喜歡口感質地更厚實的法式濾壓咖啡,那麼可以選擇將濾紙或濾布換成金屬濾網,此時,更多油脂與細小的咖啡懸浮碎片就能一併流入杯中。也可以試著將咖啡粉量稍微調高一些(例如70公克／公升),但如果是沖煮結果不佳,則不建議用這種方式解決。唯有在你很喜歡某次沖煮的味道,又希望提升一些它的強度時,再選擇是否要增加咖啡粉量。

**5** 將濾壓蓋放入並下壓,直到濾網剛好位於咖啡液體的頂部。

無論任何時刻,都不應該將濾壓蓋下壓至底部。壓入的過程會將濾壓壺底所有原本已經靜置的沉澱物全都翻攪上來,這也代表最後杯中的咖啡會有不討喜的咖啡渣。

**6** 輕柔地倒出。為了盡量減少杯中的沉澱物,倒出咖啡的過程要仔細留意壺嘴,一旦看到咖啡液體的沉澱物變多就停下,別把最後一點的咖啡倒光。

品飲並享受。

# V60 濾杯

**與現代精品咖啡運動最相關的沖煮壺，也許就是V60濾杯。**

不論是家中或營業咖啡館都有V60濾杯的身影，它可以被視為一種基本咖啡沖煮的重要存在。這是由日本品牌Hario製造的錐形濾杯，名稱源自濾杯側面杯壁的形狀。V60濾杯不僅設計單純、使用容易，也能以此沖煮出優質美味的咖啡。此濾杯進入家用沖煮壺市場的時間相對較晚，大約在2004年首度推出——不過該製造公司的成立可以追溯至1921年。

接下來要介紹的沖煮方式會著重於盡力達成關鍵核心：所有咖啡粉都能在同一時間進行沖煮；咖啡粉層能獲得恰好攪動程度的注水方式；以及最終的咖啡粉層漂亮平坦（代表萃取均勻）。

我用過許多不同的咖啡沖煮器具，但對我來說，V60濾杯可謂絕佳基本工具。放在濾杯裡的濾紙能讓咖啡有出色的澄澈度，也相當容易沖煮出穩定一致的咖啡，V60濾杯也適合研磨得細一些的咖啡粉，我個人通常比較喜歡這樣。以下是一些確保能發揮V60濾杯最大潛力的關鍵訣竅與技術。第一次閱讀時，可能會覺得接下來的步驟有些吹毛求疵，但其實不然，這些都是關鍵要點。

## 沖煮方式

**水粉比例建議：**60公克／公升
**粒徑大小：**中至中細
**選購建議：**建議剛入門的人絕對要先選購一只塑料錐形濾杯。這類濾杯價格最便宜但隔熱效果很好，而且相較於玻璃、金屬或陶瓷製濾杯，塑料濾杯的沖煮表現不會遜色且可能更好。

接著是濾紙的選購，應該先瞭解的是，濾紙對於沖煮時間有相當大的影響。Hario品牌的一系列各種濾紙產品分別與好幾間紙材供應商合作，用紙的差異也讓不同濾紙的沖煮時間有落差。市面上也有許多其他製造商推出優質濾紙，但最重要的是，建議採用白色的漂白濾紙，而非棕色的未漂白濾紙。未經漂白的濾紙會讓咖啡帶有一絲許多人不喜歡的紙味。

## V60濾杯沖煮表

此濾杯的最佳沖煮表現是須要進行兩次主要注水，而咖啡粉量則與沖煮量相關。以下表格簡單拆解常見的沖煮量與咖啡粉量。

關鍵重點：以下數字為**總累積重量**（total cumulative weights），而非單次注水量。基本上，這個數字就是在沖煮咖啡過程中，在電子秤上看到的讀數。

| 咖啡粉量 | | 15公克 | | 20公克 | | 30公克 | |
|---|---|---|---|---|---|---|---|
| 時間（分鐘） | 階段 | 注水量（公克） | 總累積重量（公克） | 注水量（公克） | 總累積重量（公克） | 注水量（公克） | 總累積重量（公克） |
| 0:00-0:45 | 粉層膨脹 | 30-40 | 30-40 | 40-50 | 40-50 | 60-80 | 60-80 |
| 0:45-1:15 | 第一次注水 | 110-120 | 150 | 150-160 | 200 | 220-240 | 300 |
| 1:15-1:45 | 第二次注水 | 100 | 250 | 130 | 330 | 200 | 500 |

## 沖煮步驟

**1**

**2**

**3**

**4**

**1** 以熱水沖洗濾杯。只要水質佳且夠熱，也可以直接以自來水沖洗。此步驟不僅為了洗除濾紙可能帶有的紙味，也能為濾杯加熱。沖煮的咖啡豆越淺焙，就應該準備溫度越高的熱水。

在濾杯下方放好咖啡杯或咖啡壺。

完成咖啡豆研磨後，請立即進行沖煮。將咖啡粉倒入錐形濾杯中心，並用手指或湯匙在咖啡粉中央撥出一個小火山口。

**2** 將水煮沸，直接使用沸騰的熱水。輕柔地將水一點點注入。試著僅僅剛好將所有咖啡粉浸濕，咖啡粉將因此開始膨脹並釋放二氧化碳。此階段稱為粉層膨脹。一般而言，粉層膨脹階段的注水量可以1公克咖啡粉以2公克水浸潤，但如果發現還有咖啡粉未被浸濕，也可多注入一點點水。

**3** 注完水之後，拿起濾杯並畫圓旋轉。目標是讓所有咖啡粉都能與水好好混合。如果發現有任何咖啡粉團塊或大型氣泡，請繼續旋轉一下。

置濾杯約45秒鐘。在此期間，咖啡粉會像麵團一般膨脹，如果有些許水分流出，也別擔心。

**4** 開始第一次注水。目標是在大約30秒鐘之內完成此階段，第一次注水會倒入大約60%的總沖煮水量。除非是以雙份濾杯沖煮單杯咖啡，否則此時濾杯裡的水會有點滿。輕柔地畫圓注水，以確保水分均勻分布。

## ▶ 啟動沖煮

一旦手沖技巧穩定之後，接下來要專注的領域就是研磨了。許多人看到可以且必須用研磨得如此細小的咖啡粉，才能沖煮出一杯優質V60濾杯咖啡時，都感到頗為訝異。建議剛開始可以一次將研磨刻度調細一點點，直到咖啡喝起來突然變得有點咬舌、更苦了一些，且尾韻不太討喜。這種變化會來得相當突然，也同時代表研磨得過細了。此時只要再將研磨刻度再調粗一點，咖啡風味就會再度進入甜蜜帶。

沖煮時間也相當值得追蹤記錄，以此觀察有無突然的轉變。沖煮時間的突然變化可能源自於更換咖啡豆，這也是一種指標，告訴我們該如何調整研磨刻度（調粗或調細）才能讓下一杯咖啡更美味。由於不同濾紙會影響沖煮時間且市面上有各種濾紙產品，所以我只能提供一個範圍廣泛的大致理想沖煮時間：3～4.5分鐘。不過，請別過於擔心沖煮時間。因為決定萃取最主要的因素是咖啡粉的研磨與手沖技巧，因為濾紙的不同導致水流穿過速度減緩，進而產生的沖煮時間差異，其實不會對咖啡風味口感產生大幅改變。

**5** 下一個階段也是緩慢注水，目標是在30秒鐘之間讓剩下的所有沖煮水注入。此時依舊輕柔地畫圓注水。

一旦注水完成，拿出一柄湯匙（茶匙、湯匙或甜點匙等任何湯匙都可以）攪拌，以相同方向畫一個全整的圓，然後再以相反方向輕柔地畫出另一個圓。如此一來，便可以避免任何咖啡粉黏在濾杯壁上。

**6** 當濾杯中的咖啡液體慢慢流出，直到僅剩下約三分之二，拿起濾杯並輕柔地旋轉，避免咖啡粉黏在濾杯壁上，同時也有助於讓咖啡粉層頂部最終呈現平坦一致。此做法能幫助提升萃取均勻。

靜待咖啡液體流盡，丟掉濾紙與其中的咖啡渣，然後好好享受這杯親手沖煮的美味咖啡。

# Melitta 濾杯

梅莉塔・班茲（**Melitta Bentz**）可謂濾紙手沖咖啡製作領域的先驅，此處介紹的濾杯與此濾杯製造商的名稱就是以她命名。

## 沖煮方式

**水粉比例建議**：60公克／公升
**粒徑大小**：中至中細
**選購建議**：有趣的是，此濾杯形狀在自動咖啡機內部可能更常見，反倒不是在單一獨立的手沖濾杯。梅莉塔企業與其他少數幾間公司皆有製造此形狀的濾杯，採用的材質除了塑料，還有陶瓷。塑料製Melitta濾杯往往讓人覺得極薄又易碎，因此，雖然其絕熱效果很好，使用起來可能會有點讓人感到不太愉快。陶瓷製的則通常都非常好，我也很推薦。我建議可以搭配Filtropa濾紙，不過Melitta濾紙也一樣很好用。

班茲最初發明的是搭配濾紙的圓形濾杯，於1908年申請專利。到了1936年，梅莉塔推出了錐形濾杯，以及與之合身成套的濾紙，此設計至今都沒有太大的變化。梅莉塔企業擁有許多發明，包括1992年推出的氧化漂白處理，白色濾紙就是以此技術生產。此處理技術在今日也廣泛受到許多製造商使用。

## 沖煮技巧調整

老實說，此濾杯的沖煮技巧與V60濾杯（見第104～105頁）大致相同，無須什麼調整。Melitta濾杯底部讓液體穿過的開口範圍較小，因此在相同的咖啡粉粒徑與沖煮時間之下，總沖煮時間會稍微比V60濾杯長一些——雖然濾紙的不同也有影響。就讓實際品嘗的感受，引導你做出相應的研磨刻度調整吧。

# Kalita 濾杯

**最具代表性的平底濾杯。**

目前，它依舊是最常用的平底濾杯，而且許多Kalita濾杯使用者在選擇濾紙時，也都會如同預設一般挑選Kalita波浪型濾紙。今日，製作平底濾杯的公司並非只有Kalita；尤其因為平底濾杯在過去十幾年間變得極為流行。許多人覺得平底濾杯的形狀與頂級商用咖啡機內部濾杯一樣，因此在萃取均勻方面的表現應該都會更好。在沖煮技巧與便利性方面，每一種濾杯都有各自的優缺點，因此我不太會宣稱某種濾杯類型更優秀。

## 沖煮方式

**水粉比例建議**：60公克／公升
**粒徑大小**：中至中細
**選購建議**：金屬Kalita濾杯相當受歡迎，而且售價通常也相當親切。不過，目前市面上已經有許多類似的濾杯，尺寸或形狀設計都很多元，製造品牌包括Espro、Fellow與April等。它們都是不錯的濾杯，但請注意濾紙規格並非都是統一的，所以濾紙有可能不太便宜或難以買到。

## 沖煮技巧調整

許多V60濾杯（見第104～105頁）的沖煮技巧並不太適用於此濾杯，例如粉層膨脹旋轉及注水結束之後的第二次旋轉，就都不太適用。這是因為波浪型濾紙會阻礙液體的移動。平底濾杯從優質手沖壺得到的優勢比其他任何討論過的濾杯都高。粉層膨脹階段與沖煮過程的注水方式都是關鍵，因為目標是追求水流分布的均勻一致。緩慢、穩定且畫圓地將水流注入咖啡粉層是必要技巧。試著注意水柱落點，確保沒有遺漏任何區塊的咖啡粉。

# Chemex 濾杯

由彼得‧施倫伯姆博士（Dr Peter Schlumbohm）在1941年發明，他是一位德國化學家與投資家，並且一部分出於專利法規的考量而移民至美國。

施倫伯姆曾為總計三百多項創新想法與裝置申請專利，Chemex濾杯無疑是其中最成功且最長壽的。它的招牌就是一體成型的玻璃壺身，最初的木製領圈是以一道領帶繫住。這是一只十分迷人的濾杯，但也不是沒有小缺點。然而Chemex濾杯沖煮出的咖啡風味特色，主要源自於該公司製造的非常厚的濾紙。

## 沖煮方式

**水粉比例建議：**60公克／公升
**粒徑大小：**中
**選購建議：**Chemex濾杯的傳統版有兩種設計，一是裝著木製領圈，另一種則是加裝玻璃手把。兩種設計都很難捨棄──木製領圈的外型比較美，但清潔時須拆下再裝上有點惱人。玻璃把手的清洗比較方便，但把手有些脆弱，因此使用壽命往往較短。不建議購買小型款式：我的經驗是，很難以此沖煮出相同品質的咖啡，而且外型比例也較不美觀。

## 沖煮技巧調整

沖煮技巧與V60濾杯（見第104～105頁）沒有太大不同，但有幾個問題須注意。Chemex濾杯的濾紙比其他都厚，代表沖煮時間也會較長，因此我會將研磨刻度調整成比其他手沖咖啡粉更粗一些。再者，濾紙會黏在濾杯玻璃上及手沖漏斗內，一旦沾黏，沖煮就會停下，因為空氣無法從濾杯底部排出，進而對濾杯中的液體造成反向壓力。雖然沖煮時要確保手沖漏斗沒有異物，但其實可以在沖煮過程多放一支筷子等東西（如右圖），以避免發生這類問題。

# 聰明濾杯

聰明濾杯（Clever Dripper）在1997年於台灣申請專利，但在至少這十年之間似乎並未形成廣泛流行。

聰明濾杯的原理非常簡單。它像是一個大型Melitta濾杯形狀的錐形濾杯，但濾杯底部加裝了一個開關。當聰明濾杯放在檯面或電子秤上時，開關會閉合。一旦將濾杯放在杯子上時，就會將開關向上推，讓濾杯中的液體向下流出。聰明濾杯發展出了一種混合浸泡式與滲濾式沖煮的技巧。當開關閉合時，咖啡粉與水會在濾杯內十分均勻地浸泡，而且若是技巧良好，還可以在此階段之後銜接上滲濾過程，十分輕鬆就能沖煮出一杯優質咖啡，無須準備手沖壺，也不用耗費許多時間忙著進行沖煮動作。這是一種悠閒且令人十足滿意的咖啡沖煮法。

## 沖煮方式

**水粉比例建議：**60公克／公升
**粒徑大小：**中細
**選購建議：**市面上也有其他「浸泡再滲濾」功能的濾杯。Hario品牌的V60 Switch濾杯就是一個有趣的選擇，但它的容量較小。另外也有一些茶壺款式的運作原理與其相同，但我並不建議以這類產品代替。聰明濾杯也有推出少數幾個不同款式，但我依舊偏愛經典原版。聰明濾杯不貴，但可靠、強壯又容易使用。

聰明濾杯的設計目標是希望能達到良好的均勻萃取，並且讓液體從濾杯流出的階段（經常稱為「流降」〔draw-down〕）可以快速完成。如果再搭配其他技巧，許多人都能以此沖煮出美味咖啡，但也可能會不小心多出5分鐘之類不必要的等待時間。

## 沖煮步驟

**1**

**3**

**2**

**4**

**1** 以熱水沖洗濾紙，並檢查濾杯內沒有殘餘積水。

將濾杯放在電子秤上，並將重量歸零。先別放入咖啡粉！

**2** 將水煮至沸騰，並將符合預設咖啡粉與水比例的水量倒入濾杯。注意：只要輕輕一推，濾杯就有漏出液體的風險。此次範例，採用300公克的水量。

**3** 盡快將理想重量的咖啡粉倒入濾杯。此次範例，採用18公克的咖啡粉。

**4** 輕柔地攪拌混合咖啡粉與水，直到所有咖啡粉都浸濕，沒有遺漏任何乾燥的咖啡粉團塊。

靜置2分鐘。如果咖啡粉粒徑較粗，又無法調整研磨刻度，可以將靜置等待時間拉長一些。

### ▶ 啟動沖煮

沖煮重點主要放在研磨刻度的設定，以改善沖煮成果，不過也可以依據咖啡豆的焙度調整沖煮水溫（見第94頁）。如果沖煮完成的咖啡粉層頂部並非呈現平坦，或是最終會在咖啡粉層看到許多不平坦的區塊，那麼問題就是出在攪拌的方式。攪拌時請勿過於激烈或攪拌出漩渦。另外，請注意濾杯應該始終擺放在完全水平的表面，直到咖啡全數流進杯中。

**5** 輕柔地攪拌咖啡。

靜置大約30秒鐘。

**6** 將濾杯放在杯子上，如果打算與他人分享可以放在咖啡壺上。

讓咖啡完全流出。剩下的咖啡渣頂部應該呈現平坦。

丟掉濾紙與其中的咖啡渣，然後好好享受這杯咖啡。

# 愛樂壓

**愛樂壓是一種魅力十足的沖煮器具,它在誕生初期便登上了經典地位。**

最初於2005年問世,愛樂壓由艾倫・阿德勒(Alan Adler)發明,而艾倫在更早之前發明Aerobie飛盤時,便見識過成功的滋味。艾倫在求學時期的領域為氣體動力學(aerodynamics),因此發明咖啡沖煮器具似乎有點令人訝異。他之所以想要創造愛樂壓,是因為每每在面對多數家用咖啡機所煮出的一整壺咖啡時,他總是感到沮喪,他希望可以沖煮出美味的單杯咖啡。他所發明的愛樂壓最初在咖啡業界難有一席之地,然而,隨著單杯咖啡在2008年左右於咖啡館出現爆炸般的流行之後,愛樂壓隨即迅速竄紅,至今已在全世界售出數百萬件。

愛樂壓很有趣,我在每一位開始用愛樂壓沖煮咖啡的人們臉上,幾乎都見到了非常高的滿足感。對許多人而言,這是他們第一個單杯咖啡沖煮器,沖煮過程十分有趣,而且成果也比從前嘗過的咖啡更好。許多人以愛樂壓為起點,繼續進一步展開探索與實驗更多沖煮法與咖啡器具的旅程。

愛樂壓的設計以容易利用各種變因進行各種沖煮實驗而著名。利用愛樂壓,可以僅改變一個變因——可以是研磨刻度、沖煮時間或水溫——同時無須調整其他沖煮面向太多,我們因此能更深入了解咖啡沖煮過程,以及做出更多實驗。正因如此,網路上才會有這麼多的各種愛樂壓沖煮配方與方式。

在為愛樂壓設計沖煮配方與方式時(見第118~119頁),我會希望一併符合幾項條件:盡量簡化,讓過程回歸至影響一杯咖啡的關鍵要素即可,並讓過程簡單且能重複。把這個配方當作每天都能進行的日常沖煮,但也別因此害怕偏離軌道或實驗其他方法與技巧。

## 沖煮方式

**水粉比例建議:**55~60公克/公升
**粒徑大小:**中細
**選購建議:**製造原版愛樂壓的公司只有一間,雖然網路上已經有越來越多贗品。建議購買原版的原因如下:它是一個適合入門且不昂貴的沖煮器具,以便宜一、兩成的折扣換取沒有任何製造與品質控管的產品,十分不合理。長期以來,愛樂壓的材質始終不含雙酚A(BPA free),各位也可以相信他們所宣稱的使用材質。再者,購買原版是支持發明者的重要行動,即使必須為此多付出一點點金錢。

## 沖煮步驟

**1**

**2**

**3**

**4**

**1** 將濾紙放進濾蓋。不用沖洗，因為如此少量的濾紙不會對咖啡風味產生太大的影響。

將濾蓋扣入沖煮壺，並放在一個杯子或咖啡壺上。

將整組全部放在電子秤上。

倒入咖啡粉。此次範例，採用11公克的咖啡粉。

將電子秤歸零。

**2** 將水倒在咖啡粉上，請確保所有咖啡粉皆浸濕。此次範例，採用200公克的水量。

**3** 將活塞壓筒裝進沖煮壺，但先別向下壓。把活塞壓筒放在頂部時，會形成部分的真空狀態，因此也會阻止任何液體從沖煮壺底部流出。

靜置2分鐘。

**4** 同時握住沖煮壺與活塞壓筒，向上稍微拿起一些，然後輕柔地旋轉沖煮壺。此動作有助於破壞頂部形成的咖啡薄層，並讓絕大多數的咖啡粉落至底部。請勿激烈地旋轉，或攪拌出漩渦。旋轉僅為了破壞咖啡薄層。

將沖煮壺與杯子／咖啡壺移開電子秤。

**5** 旋轉結束後30秒鐘，再開始下壓。請保持輕柔，勿以任何身體重量擠壓，只要以手臂適度地下壓。

下壓時間大約為30秒鐘（別擔心時間過長或過短——不過越慢越好）。

**6** 持續下壓，直到活塞壓筒接觸到咖啡粉層而無法再前進。

取出活塞壓筒之前，先將活塞壓筒稍稍上拉一些，如此有助於減少沖煮壺的滴漏。

清空咖啡粉餅（puck，這個咖啡渣的暱稱源自於其膠結形成的固體圓餅，形狀如同曲棍球球餅），清潔沖煮壺，好好享受這杯咖啡。

▶ **兌水注意事項（沖煮兩杯份）**

關於愛樂壓，最常聽到的批評之一就是一次只能沖煮單人份。不過，愛樂壓其實也可以沖煮兩人份的咖啡，也就是添加較多咖啡粉，並將咖啡壺中較強烈濃郁的咖啡以水稀釋。

建議各位依舊以左方的沖煮步驟進行，但請另外留心以下幾點：

**1.** 想要沖煮兩人份的咖啡時，目標當然會是盡可能在愛樂壓內裝入最大量的水，讓萃取更有效率。以我個人經驗而言，建議可以使用22公克的咖啡粉與240公克的水。
**2.** 較長的沖煮時間，可以彌補每公克咖啡粉萃取所減少的水量。建議沖煮時間為4分鐘。
**3.** 最後再將額外的160公克倒入。
**4.** 這也是絕佳的冰咖啡製作方式，可將沖煮完成的咖啡倒在160公克的冰塊之上。絕大多數的冰塊會在幫咖啡降溫的過程中融化，最後飲用之前可再倒入些許冰塊。

▶ **啟動沖煮**

以愛樂壓沖煮咖啡其實很容易感到不知所措，因為各種變因的調整幾乎如同包含無限種的可能。不過，用愛樂壓做出一杯美味咖啡應該相對簡單。原因就在於研磨粒徑，驚人的是，即使咖啡粉研磨得如此細小，依舊能沖煮出十分美味的咖啡。當然，我不建議將研磨粒徑一路延伸至義式濃縮咖啡的範圍，雖然其實也相距不遠了。某些磨豆機會將此範圍定義為摩卡壺咖啡粉（不過，我對摩卡壺沖煮的建議並不同，見第124～127頁）。

請留心別在沖煮下壓時過於用力。測試結果顯示，過於用力擠壓比較不容易沖煮出好咖啡。

傳統上，沖煮水溫也是須注意的範圍，尤其因為艾倫・阿德勒本人支持的沖煮水溫為攝氏80度。令人驚訝的是，許多咖啡豆以如此低溫沖煮時，仍有很不錯的表現，但我依舊建議依據咖啡豆焙度調整沖煮水溫，淺焙咖啡豆可以將水溫直接拉高到沸騰（見第94頁）。

# 虹吸式咖啡壺

虹吸式咖啡壺，一種古老得驚人的沖煮法。

雖然虹吸式咖啡壺與亞洲製造商的聯想較為強烈，如日本的Hario或台灣的Yama，但其誕生之地是歐洲。最初版的虹吸式咖啡壺在大約1830年代的德國現身，常常被稱為真空壺，而最初成功商業化的虹吸式咖啡壺於1838年推出，出自一位法國女性珍妮·理查（Jeanne Richard），她的產品參考了早期德國柏林洛夫（Loeff）的設計。

虹吸式咖啡壺背後的原理相對單純，雖然動手沖煮的過程極為巧妙討喜。當水在下壺沸騰時，困於其中的水會被迫經由連管向上移動至上壺。只要下壺有熱源供應，水就會留在上壺，同時維持著相當穩定的水溫。此時便可以在水中倒入咖啡粉，靜待它浸泡於水中。準備結束沖煮時，就可以將熱源從底部移開，冷卻之後，下壺的蒸氣凝結會形成輕微的真空狀態，進而將上壺的水向下拉回，同時穿過類似濾紙的東西（通常是綁在圓盤上的濾布），而咖啡粉將同時被擋住。

虹吸式咖啡壺充滿戲劇效果、迷人卻也富挑戰性。虹吸式咖啡壺很容易做出很可怕的咖啡，而且沖煮步驟也很容易令人挫折，除非建立一套常規與流程。在大約2009～2012年期間，單杯沖煮在現代咖啡館可謂相當時髦，而虹吸式咖啡壺也在當時享受了短暫的復興。如今，虹吸式咖啡壺在咖啡館內已經相當罕見，但如果來到某個虹吸咖啡館依舊普遍的地方，請尋找一杯，好好品嘗。

## 沖煮方式

**水粉比例建議**：55～65公克／公升
**粒徑大小**：中細
**選購建議**：老實說，虹吸式咖啡壺的售價昂貴得很不合理。除非有特殊需求，不然不建議購買最大型的虹吸式咖啡壺。在真正下手購買之前，請謹慎考慮自己真的有多需要它。虹吸式咖啡壺無疑是最具舞臺效果的沖煮壺之一，但在反覆上臺演出之後，它的舞臺魅力也將逐漸消散。

這是一種有點棘手的沖煮壺，清潔的速度緩慢又麻煩（即使已經選擇使用濾紙）。說到這裡，我建議可以用濾紙取代濾布，除非你已經非常適應咖啡沖煮濾布的使用與維護。濾紙在對準放進上壺時會比較麻煩，但它依舊能減少一些整體沖煮過程的痛苦指數。

## 沖煮步驟

**1** 完成預設注粉量的咖啡豆研磨之後,請立即進行沖煮,但目前還不用將咖啡粉倒入上壺。

以水壺將新鮮軟水煮至沸騰,並將預設沖煮水量倒入下壺。

**2** 檢查乾淨的濾紙或濾布是否已經放進上壺,然後將上壺放在下壺上方。但是先別與下壺密封。

拿出你選擇的熱源供應器,例如小型瓦斯爐或特製鹵素加熱爐,開始加熱下壺。

**3** 當水開始沸騰,請將上壺完全插放於下壺中。

當水向上進入上壺,將熱源轉小。氣泡一開始會頗為激烈,然後減弱。當氣泡減弱時,請從上壺正上方觀察濾紙或濾布。如果濾紙某一邊冒出的氣泡數量較多,請用竹製攪拌棒或長湯匙小心地將濾紙推回中央。

**4** 倒入咖啡粉。

攪拌,讓所有咖啡粉都恰當地浸濕,接著啟動計時器。30秒鐘之後,再度輕柔地攪拌咖啡液體。

## ▶ 啟動沖煮

以虹吸式咖啡壺製作咖啡必須注意幾項要點，這些要點也是讓它難以完成優質咖啡的原因。虹吸沖煮法不凡的面向在於：浸泡階段沖煮水溫高且穩定，以及最後滲濾階段是以負壓狀態為動力。

雖然虹吸沖煮法主要是浸泡式，代表要以浸泡時間調整研磨粒徑，但較長的沖煮時間與較高的沖煮水溫，會出現令人困擾的咬舌味，因此我建議可以縮短一些浸泡時間。

再者，最終流降階段的過程也比較容易出現一些小問題。我們不希望上壺最終形成一座咖啡渣小山丘，因為這代表萃取不均。理想上，也不希望流降階段出現停滯。最終的攪拌請保持輕柔，研磨粒徑也可能須經過幾次的調整才能發揮咖啡豆最佳表現。同樣地，也請在冷卻後快速品飲，別在咖啡太燙時就入口——會有苦味與咬舌感，但這些會隨著冷卻而消散。

最後，使用濾布的請在維持清潔方面多費心。Cafiza等義式濃縮咖啡機有機清潔劑的效果都不錯，但每次使用完畢依舊必須徹底清潔。

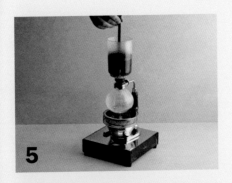

**5** 當計時器顯示1分鐘時，關閉熱源，輕柔地攪拌咖啡液體。建議攪拌完整一圈順時鐘，然後完整一圈逆時鐘。順序可以相反，看個人喜好。

**6** 當咖啡完全流降之後，取出上壺，將所有咖啡渣都清除。注意：這杯咖啡非常、非常燙！

# 摩卡壺

摩卡壺由阿方索・比亞樂堤（**Alfonso Bialetti**）的公司在**1933年**創造，接著迅速成為一項經典設計，以及義大利家庭的必備標配，當然也進入全球各地的家家戶戶。

摩卡壺的發明結合了以下兩者，一是在義大利開始蓬勃發展的新時代蒸汽動力義式濃縮咖啡機（直到1948年之後，現代化高壓義式濃縮咖啡機才會現身）；二是拿坡里顛倒壺（napoletana）的三件式設計，拿坡里顛倒壺是一種滴濾沖煮壺，中央裝有咖啡粉，上方則有因重力流下的熱水，下方則是裝盛沖煮完成的咖啡。比亞樂堤的公司擅長鋁製品的處理，並且將拿坡里顛倒壺的設計翻轉，利用蒸氣讓水從底壺上升，穿過咖啡粉層，最後讓完成的咖啡留在頂壺，並從頂壺的壺嘴倒入杯中。

摩卡壺沖煮的咖啡非常接近早期義式濃縮咖啡的風格——比現代濾沖咖啡更強烈，但不到義式濃縮咖啡的那般強烈。若使用恰當，摩卡壺能沖煮出口感純淨、香甜且萃取良好的美味咖啡。

請經常清洗摩卡壺（見第127頁）。陳年垢漬能增添風味或有任何正向加持的想法，都不是真的——這只會更咬舌並增加苦味，你或你的客人們將會為了掩蓋這些味道而多放幾匙糖。

## 沖煮方式

**水粉比例建議：100公克／公升**

**粒徑大小**：中細

**選購建議**：Bialetti品牌的摩卡壺可說是標準壺。他們的製造品質通常遠遠勝過其他品牌，也就是他們的摩卡壺不僅外觀討喜，也常常能扣得更好。摩卡壺是一種加壓容器，所以密封墊圈必須可靠，壓力才能密封於其中，洩壓閥也應該要能安全地讓壓力釋放。

人們對於鉛製摩卡壺的安全顧慮始終揮之不去，雖然這類擔憂似乎並無根據。關於鉛製產品的使用與阿茲海默症之間的關聯，目前並沒有任何相關證據。不過，我的確偏好Bialetti品牌推出的能適用電磁爐的摩卡壺。我更喜歡這款摩卡壺的製作品質，它比較重，我也喜歡它能適應多種熱源的彈性。這類摩卡壺的售價高出許多，但若是保養得宜，是一款可以用一輩子的摩卡壺。

**關於尺寸**：千萬不可讓水量的水位超過摩卡壺的安全閥開口。因為一旦安全閥開啟，噴出的就不會是蒸氣，而是加壓熱水。摩卡壺的滿水位也與咖啡粉濾杯有關。一般而言，若將水裝至滿水位且咖啡粉未經填壓的情況之下，咖啡粉與水的比例會是大約100公克／公升。似乎所有摩卡壺都差不多是這個比例。

## 沖煮步驟

**1** 檢查摩卡壺是否乾淨，以及橡膠密封墊圈也乾淨且位置恰當。同樣仔細檢查壺身兩部分的螺紋，確保一切皆乾淨。

將咖啡粉倒入咖啡濾杯。不建議填壓咖啡粉，但請確保濾杯中的咖啡粉分布均勻。

以水壺將水煮至沸騰，並直接倒入底壺。

**2** 輕柔地將咖啡濾杯放進底壺。

**3** 以抹布抓取底壺，並將頂壺旋轉鎖緊。請確定墊圈壓緊且形成良好的密封狀態。

**4** 將摩卡壺放在熱源上。火力設定為中小火。切勿使用更高的火力。

打開壺蓋。

咖啡液體應該很快就開始流出。此時，請試著在水流不間斷的情況之下，將火力盡可能調降至最小。如果熱源是瓦斯爐，請將火力轉至最小。若是電磁爐，可以直接關火，並將摩卡壺移到最邊緣。

如果可以，請仔細聆聽摩卡壺，當聽到噴濺、冒泡或嘶嘶聲時，就可以直接離開熱源。也可以直接觀察水流，一旦看到咖啡噴出且有更多蒸氣散出時，也是離開熱源的時機。

**5** 將底壺放在水龍頭下以冷水降溫。此做法可以十分快速停止沖煮，避免沖煮溫度變得過高，進而使得咖啡變得過苦。

立刻將咖啡倒入杯中。建議別讓咖啡留在熱燙的頂壺太久，因為咖啡風味會飄散得比較快。

好好享受這杯咖啡，但記得有空時請盡快洗淨摩卡壺。

**關於清潔：**常常會聽到人們以正面的語氣談論著摩卡壺內部形成的咖啡漬。這是一層乾掉的咖啡液體，我個人提倡清除它，或理想上盡別讓咖啡漬形成。乾淨的摩卡壺做出的咖啡苦味較少，雖然我也知道每個人對於苦味的偏好很多元。

一旦出現一層咖啡漬，或是準備修復老摩卡壺，建議可以將它浸泡於義式濃縮咖啡機清潔劑（10公克清潔劑／1公升熱水）。根據摩卡壺的不同狀態，可能要在稍微擦洗一下之後，再進行第二次浸泡，這些污漬最終都將完全除去，剩下一只乾淨又快樂的摩卡壺。

## ▶ 啟動沖煮

摩卡壺沖煮過程最棘手的兩個部分，就是研磨粒徑與熱源。我個人偏愛電磁爐的原因之一，就是熱源的火力能精確一致，反觀許多家用瓦斯爐的火力則較難準確調整。有機會的話各位可以實驗一下。當火力太小時，摩卡壺內的咖啡粉就會變得太熱，也可能因此增加苦味。若是火力太大，摩卡壺就會因此承受過多壓力，沖煮將變得不均勻，並帶有咬舌感。

再者，研磨粒徑的設定目標是沖煮出強烈咖啡，但同時不帶過多苦味。也可以將研磨粒徑調細，然後試著用較少水量沖煮出類似義式濃縮咖啡的強度，不過，一旦研磨刻度較細，優質咖啡的咖啡粉量範圍就會變得更狹窄，而沖煮過程會變得須注意更多細節且歷經更多挫折。

最後，聊一下最近日漸增加關於摩卡壺使用濾紙的討論。摩卡壺內可以放置濾紙的地方有兩個：咖啡粉底部或咖啡粉頂部，如果想要，也可以兩端別放。濾紙放在這兩處產生的影響不同。當濾紙放在咖啡底部時，有助於水流穿過咖啡粉層時均勻分布。所以能藉此降低萃取不均的情況，進而稍稍改善沖煮成果。多數人會直接使用愛樂壓的濾紙。另外，若是將濾紙放在咖啡粉頂部，作用比較像是為咖啡液體增加一道額外的過濾。如此能除去部分油脂與咖啡粉的懸浮碎塊。咖啡的泡沫也往往會比較少，苦味也將減少一些。

快速檢查沖煮狀態的方式之一，就是測量最終咖啡液體的重量。咖啡液體重量最多會是沖煮水量的65～70%。如果咖啡液體重量不到這麼多，然後希望利用沖煮液體更多以增進淺焙咖啡豆的萃取，那麼須在液體流出時，將火力降得更低。如果火力已經最低，可以拿起摩卡壺，讓它遠離火源，仔細觀察水流情況，若是水流減緩就可短暫轉大火力或靠近火源，若是水流開始加速就讓摩卡壺稍稍冷卻。

# 自動咖啡機

自動咖啡機有好幾種稱呼，包括家用咖啡機、批次咖啡機或滴濾咖啡機。

自動咖啡機已經存在很長一段時間了。傳統上，絕大多數自動咖啡機的設計目標都是放在售價與便利性，遠超過品質與沖煮表現。史上首臺被視為自動電子滴濾咖啡機的機器，是由哥特羅伯‧魏德曼（Gottlob Widmann）在1954年所設計的「Wigomat」。隨著1970年代美國品牌Mr Coffee的興起，滴濾咖啡機（drip maker）也真正取代了電子過濾咖啡機（electric percolator）。

幾乎所有自動咖啡機的運作原理都相同，機器內部的加熱盤下方都會有個加熱元件，以此加熱沖煮水，水分會因膨脹與蒸氣帶到出水噴嘴，接著灑落在咖啡粉層上。

## 沖煮方式

**水粉比例建議**：60公克／公升

**粒徑大小**：中至中粗

**選購建議**：若是負擔得起，建議購買必須多花一點錢的機型。受到精品咖啡協會（Speciality Coffee Association，SCA）認證的機型便能夠沖煮得宜。這類機型能沖煮出優質咖啡，所以選擇其實可以限縮於風格、售價與功能。我很喜歡會定時在早晨沖煮咖啡的機器，因為一醒來就能有一壺剛沖煮完成的新鮮咖啡；以新鮮現磨咖啡粉沖煮的咖啡的確會比較美味，但咖啡粉經過10小時的隔夜放置，其實也不會有太大的損害，而且面對一天中的第一杯咖啡時，我們的評價也會比較和善。

建議改用保溫咖啡壺，因為我覺得放在加熱盤的咖啡很快就會開始走味。不過，咖啡壺也有缺點——放在咖啡壺裡的咖啡會降溫得快一些，而且清潔工作也稍微費力一些。另外，咖啡壺還常常無法俐落地倒出咖啡，或無法像玻璃壺那般可以完全倒光所有咖啡，咖啡壺裡似乎總是會困住一些咖啡——這真的很惱人。

**保養方式**：建議可以使用義式濃縮咖啡機清潔劑，以清除任何在保溫咖啡壺內累積的污漬。長期以來，我都是使用Urnex品牌的產品Cafiza，但其他品牌的效果也很好。長期使用自動咖啡機的主要疑慮是水垢的形成。只要使用任何具有硬度的水，這都是無可避免的問題，不過也並非特別難以對付。一旦發現咖啡機好像反應怪怪的——咖啡變得太燙或太涼，或是流速開始減緩——那麼就是到了除垢的時刻。任何超市或網路商店都很容易買到檸檬酸（citric acid），這是一種符合食品等級的簡單除垢劑。準備濃度為5%的檸檬酸溶劑，接著在不放進咖啡粉的狀態之下，讓咖啡機以此溶劑運轉沖煮。倒掉沖煮出的溶液，並用1公升的水倒入咖啡機再運轉一次。若是想要確保溶劑完全清除，可以沖煮少量水，然後嘗嘗看。如果水裡有刺鼻的酸味，請繼續以水沖洗。此溶劑完全符合安全食品等級，所以請別擔心喝進這類檸檬酸。

絕大多數廉價的自動咖啡機都無法好好地將水加熱至理想溫度。沖煮初期的水溫可能會比希望的更低一些，但水溫將越來越熱，最終往往接近沸騰。當然，也有例外的自動咖啡機，但這類機器通常遠遠昂貴許多。不過，如果想要享受批次沖煮大量咖啡的便利性（若是一次至少需要大約500毫升以上的咖啡，我想這是購買一臺自動咖啡機的基本要求），那麼這類自動咖啡機的確很棒。

## 沖煮步驟

操作家用自動咖啡機時，其實不太需要沖煮步驟指南。只要倒入指定的咖啡粉量與軟水，再按下啟動鍵，就可以了。這種自動化與簡單性正是它吸引人的原因之一。不過，讓我針對較便宜或功能不多的各種機型，提供一些破解與活用方式。

**水溫：**多數廉價自動咖啡機都會以低水溫開始沖煮。如果打算沖煮較淺焙的咖啡豆，建議在咖啡機內倒入熱水。這麼做不會有任何壞處，反而會讓沖煮水溫變得更高，咖啡也將更好喝。請用水壺將水加熱，而不是使用水龍頭流出的熱水。

**粉層膨脹：**雖然某些機型會包括粉層膨脹階段，但絕大多數的自動咖啡機沒有此功能。粉層膨脹階段對咖啡很有益，接下來介紹幾個進行粉層膨脹的方式。可以在開始沖煮一下下之後，直接按下暫停。我會僅暫停20～30秒鐘，然後記得要旋轉或攪拌咖啡粉。有些便宜機型的沖煮濾杯下方常常會有暫停滴濾的機制，以防止最後幾滴咖啡落在加熱盤上。所以，可以利用此機制，在沖煮期間把咖啡壺移走，讓水分留在濾杯，創造一種類似浸泡式的粉層膨脹階段。

**攪拌：**在沖煮開始與／或結束時進行旋轉或攪拌，對絕大多數的自動咖啡機而言都能增進咖啡的美味。不過，自動咖啡機的關鍵賣點就是便利，因此必須在咖啡漸漸變得更好喝的樂趣，以及使用經驗漸漸變得更不好之間，取得平衡。

## ▶ 啟動沖煮

各位可能會因為研磨刻度的調整而遇到小小的挫折。我通常會先從中等研磨刻度的咖啡粉開始，較淺焙的咖啡豆可將研磨刻度調細，而較深焙則使用較粗的咖啡粉。別忘了在入口之前先攪拌一下壺中的咖啡（雖然某些咖啡壺裝有混合漏斗）。如果在咖啡仍然非常燙的時候品嘗，往往會嘗到一陣子過後將消退的苦味，這樣的味道可能會誘使你將研磨刻度調整得比理想更粗一些。

5

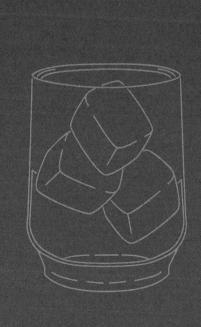

# 冰咖啡與冷萃咖啡

根據世界各地不同人的生長背景，冰咖啡可以是大熱天一杯無與倫比、清新、提振精神的救命甘霖，也可以是種莫名其妙、毫無吸引力且完全無法想像會有人花錢買來喝的東西。

冰咖啡有兩種製作方式，兩種方式各自擁有狂熱擁護者，而且往往壁壘分明。我會分別介紹兩種方式，並討論最佳製作方法，而我也必須承認，你們可能很容易就會發現我是屬於哪個陣營……

## 冰咖啡

這兩種冰咖啡沖煮方式最大的不同，就是咖啡粉以熱水或冰水萃取。首先，我會聊聊以熱水沖煮的方式，以及這種方式會如何影響沖煮過程。

## 濾沖冰咖啡

人們常常會將這種沖煮風格視為日式冰咖啡。我不確定這種說法是否具有足夠的證據或先例。日本也是無數令人驚豔的罐裝冰咖啡的大本營，這些罐裝冰咖啡相當獨特。這類沖煮風格的咖啡常常會標榜閃電般快速沖煮，雖然乍看似乎有點奇怪，因為它們的沖煮時間與正常手沖咖啡一樣，但相較於冷萃咖啡，冰鎮咖啡的沖煮速度確實快很多。

由於要使用冰塊冰鎮咖啡，所以必須以某些方式彌補咖啡受到的稀釋。一杯剛沖煮完成的濾沖咖啡會需要重量不小的冰塊才能有效率地降溫。最明顯的調整方式就是以較少水量沖煮出一杯強度較高的咖啡，但如同我們先前討論過的（見第92頁），想要以這種做法達到恰當萃取會比較困難。

為了如何冰鎮一杯手沖風格咖啡，我進行了相當大量的測試，我認為冰鎮所需的冰塊量大約須占總沖煮水量的三分之一。假如沖煮一杯30公克咖啡粉量的咖啡，須準備大約500公克的水，那麼就大約會使用165～170公克的冰塊，並只以330～335公克的水沖煮咖啡。接著，也須為此調整研磨刻度，讓咖啡粉粒徑稍稍更細一些，也可以讓注水速度放慢一些，試著增加水粉接觸時間，稍稍提升萃取率。

另一種做法則是利用愛樂壓，它是沖煮單杯冰鎮咖啡的絕佳沖煮器具，因為只須在將咖啡下壓至冰塊之前，拉長浸泡時間即可。以下則是手沖冰咖啡及單杯愛樂壓冰咖啡的沖煮配方與步驟。

# 手沖冰咖啡

基本配方與步驟和V60濾杯（見第104～105頁）一致，不過，必須多加幾個簡單調整。

首先，請將總沖煮水量40%的水換成放在杯中或咖啡壺內的冰塊。這代表使用V60濾杯以500公克的水沖煮30公克的咖啡粉，其中300公克為水，而200公克為冰塊。

當沖煮熱水變少時，研磨刻度就要調細一些。我也建議增加一點咖啡粉與水的比例，即65～70公克的咖啡粉／1公升的水，這樣的效果也會不錯，為在杯中添加冰塊時多預留一些稀釋的空間。

除此之外，所有步驟都可以與V60濾杯沖煮方式一致，雖然之前的做法顯然是注入熱水之後就完成。最後，以攪拌與旋轉幫助增加萃取的均勻。

絕大多數的冰塊會在沖煮結束時融化。如果你發現最後剩下許多未融化的冰塊，下一次沖煮就可以減少冰塊量，並增加沖煮水量，總之保持總沖煮水量不變。

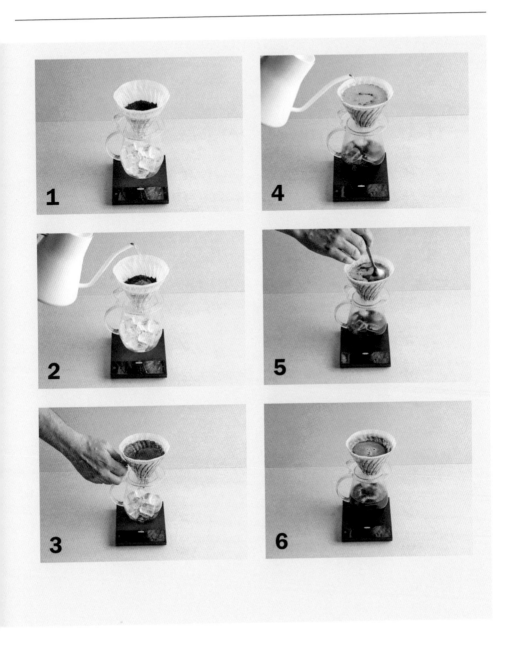

# 愛樂壓冰咖啡

基本配方與步驟和愛樂壓（見第118～119頁）一致，只須再多加幾個調整。

就如同前一頁V60濾杯冰咖啡的沖煮配方，一樣將總沖煮水量40%的水換成放在杯中或咖啡壺內的冰塊。當沖煮器具換成愛樂壓時，代表只能沖煮出一或兩杯的咖啡——愛樂壓鮮少沖煮一人以上的咖啡。

單杯愛樂壓冰咖啡的咖啡粉量為12公克、熱水為120公克，並沖煮在80公克的冰塊上。若是兩杯冰咖啡，則使用24公克的咖啡粉、240公克的水與160公克的冰塊。愛樂壓的水量極限就是大約240公克。

增加浸泡時間十分有效，建議為第118～119頁的沖煮配方與步驟的主要浸泡時間增加2分鐘。

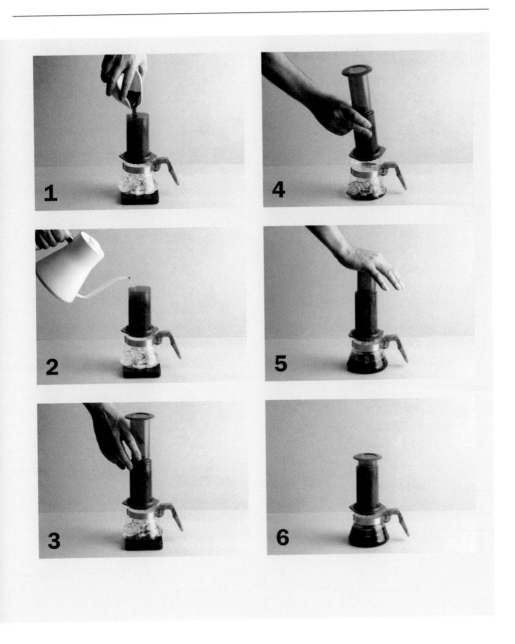

# 義式濃縮冰咖啡飲品

**另一種以熱水沖煮的冰咖啡飲品類型就是以義式濃縮咖啡為基底,例如美式冰咖啡或冰拿鐵。**

傳統上,義式濃縮冰咖啡會讓人眉頭一皺,因為冰鎮義式濃縮咖啡的過程與一點點的稀釋,都會大大強化咖啡的苦味。各位可能會經常聽到某些人或咖啡館拒絕供應這樣的咖啡,因為冰塊會「驚嚇」義式濃縮咖啡。我個人認為這樣的形容有點值得商榷。不論冷卻的速度快或慢,冰鎮義式濃縮咖啡的苦味感受都會較高。另外,稀釋義式濃縮咖啡也會增加苦味,美式咖啡就是如此。

由於義式濃縮冰咖啡飲品的苦味增加了,因此大多數的義式濃縮咖啡冰飲都很常增加一點甜味,用意就是彌補苦味。這種做法絕非必要,但我們也因此知道為何許多冰拿鐵都會加點糖了。

以製作技巧而言,製作義式濃縮咖啡冰飲須要做出的調整或改變其實很少——除了可以考慮選用容量大一點的杯子,以容納額外的冰塊,以及提供稀釋與冰鎮最終飲品的空間。

更多關於義式濃縮咖啡的配方與製作,見第204～213頁。

# 冷萃咖啡

以室溫或冰水沖煮的咖啡，評價驚人地兩極。對某些人而言，這是他們唯一能夠接受的咖啡類型，某些人則認為冷萃咖啡走味且無法下嚥。在我要聊聊為何會有如此分歧的評價之前，先來看看冷萃咖啡的沖煮原理，進一步了解是什麼讓冷萃咖啡如此與眾不同。

如同先前討論過的（見第94頁），沖煮水溫越高，從咖啡粉萃取出細微風味的效率與效果都會越高。當沖煮水溫越低，某些酸與其他化合物都將無法萃取出來，最後就會沖煮出一杯人們喜愛的低酸度咖啡，而且據說可以減少咖啡導致的消化問題，例如酸液逆流（acid reflux）。低溫沖煮對於一杯咖啡的風味會有很大影響，而許多人很喜歡冷萃咖啡較明顯的巧克力味與更圓潤的風味表現。

製作冷萃咖啡須面對許多困難挑戰。首先，由於沖煮水的溫度較低且風味萃取效率較低，所以需要更長的浸泡時間，方能有恰當的萃取。然而，我們無法以研磨得更細的咖啡粉快速地彌補這項問題——這是相當直觀的解決辦法。以低溫沖煮水濾沖較細的咖啡粉頗為困難，而通常要以比手沖咖啡更粗的粒徑沖煮。因此，解決冷萃咖啡萃取效率的辦法，通常就是利用較長的沖煮時間。這種方法的確很有效，但不幸的是，這會讓咖啡液體接觸氧化環境的時間變得很長，而

許多冷萃咖啡也因此會有許多人深惡痛絕的氧化味。不過，對某些人而言，這就是「冷萃咖啡的風味」，不僅怡人，更是極具魅力。我不能將我自己的主觀偏好說成客觀事實，所以我絕不會說冷萃咖啡是劣質的。

另一個困難之處則是，即使以拉長沖煮時間彌補了較粗咖啡粉粒徑導致的低萃取率，通常還是會須要提高咖啡粉與水的比例。高水粉比例的確能沖煮出高強度的咖啡，但也比較難以維持恰當的萃取情況。不過，因為是以低溫水沖煮，所以這類萃取不足的風味嘗起來也與原本相當不同。萃取不足的咖啡往往會較酸或有酸敗味。這種味道的酸似乎通常要以更高的水溫才能萃取出來，所以萃取不足的冷萃咖啡往往只有在強度也很弱的情況之下，才會明顯地令人不快。高水粉比例主要有兩大缺點，不過也有人認為只有一項缺點。首先，單杯成本會大幅提高，一部分是因為某些優質風味被留在丟棄的咖啡渣裡，也就是浪費。另一個潛在的問題則是由於咖啡因很容易溶解於水中，

所以冷萃咖啡似乎往往伴隨強烈的咖啡因刺激。對某些人而言這是一項優點，但對其他人來說就真的、真的不是好處。當然，冷萃咖啡也能以低咖啡因或半咖啡因的咖啡豆做成美味又怡人的咖啡。

市面上已有許多號稱可以快速沖煮出冷萃咖啡的沖煮器與小道具。這些器具也許是利用攪拌、壓力等等手法增加萃取速率。以此減少咖啡粉用量、縮短沖煮時間，也有可能避免出現某些氧化風味（如果你不喜歡）。本書的空間不足以一一深入分析各種器具，所以此處便不討論這部分。以我目前的經驗而言，大致是懷疑與期待參半——的確應該有可能以這類方式快速且有效率地沖煮出冷萃咖啡。不過，各位永遠不會喝到一杯與熱咖啡或冰咖啡相似的冷萃咖啡。溫度是沒辦法作弊的。

本書到底該不該收錄冷萃咖啡的配方與作法，我著實為此反覆思考了許久。我選擇了不收錄，因為直到目前為止，我不認為以現有技術，我可以想出任何自己特別喜歡的新做法，而複製他人的配方與沖煮法似乎也違背了本書的理念。如果各位很喜歡冷萃咖啡，請盡量放手實驗，因為它也許是包容性最寬廣的咖啡沖煮法。不僅咖啡粉粒徑可以稍微出錯一些，就算沖煮時間不小心多了或少了幾小時（浸泡26或24小時之間的差異幾乎無法分辨），也依舊能沖煮出接近帶有你喜愛風味的咖啡——只要喜愛，就是好事。

6

# 如何製作迷人的義式濃縮咖啡

　　義式濃縮咖啡可以充滿光輝且閃耀。它強烈、豐厚、複雜，但同時轉瞬即逝。在過去短短數十年之間，它成功揚升至眾人心中咖啡巔峰的地位。我不在這些人的行列中，但我完全了解這個迷人咖啡沖煮法的魅力與樂趣所在。

　　為自己做一杯真正傑出的義式濃縮咖啡，能獲得無與倫比的成就感，但若是我不將這項成就所須付出的時間、精力與資源向各位言明，便是失職。許多人都會問我是否該購買一臺義式濃縮咖啡機：畢竟，能在家裡享受一杯義式濃縮咖啡或卡布奇諾的概念，以及擺一臺義式濃縮咖啡機在自家桌上的場景，真的非常誘人。我永遠都是用一個問題當作回答：「你是認真想要培養一個新嗜好嗎？」因為並非每個人都想要，而且許多人都滿訝異，我家裡竟然沒有義式濃縮咖啡機。

　　我將在本章討論，從設備到技術等各種製作義式濃縮咖啡的廣泛要素與面向。無論如何，我最希望的都是人們能享受咖啡，所以如果咖啡是來自一間願意投資於絕佳設備、絕佳咖啡豆，又重視培訓與清潔的優質咖啡館，當然也完全沒問題。

# 義式濃縮咖啡的製作原理

義式濃縮咖啡的誕生是為了解決一項問題：快速沖煮咖啡，因此必須將咖啡粉研磨得極細，如此一來才能在有限時間內萃取出所有風味。問題就在於，當咖啡粉研磨得十分細小時，光是重力，無法將水一路下拉穿過細緻咖啡粉層。

為了讓水流穿過咖啡粉層，同時確保沖煮過程依舊快速，便必須借助額外的壓力。最初利用的是封閉於鍋爐的蒸氣壓力，但這類壓力並不高——也許可以到 1～2 巴（bar），沖煮出的並非頂部漂浮著金黃至棕色克麗瑪的一小杯強烈咖啡。起初，義式濃縮咖啡比較接近摩卡壺沖煮出的咖啡，或甚至是濾沖咖啡。隨著科技的創新與增進，現今已經能以電子幫浦、壓縮彈簧，或甚至是以雙手拉動槓桿（拉霸）做為驅動力，創造遠遠更高的壓力，製作出今日熟悉的義式濃縮咖啡。

代表義式濃縮咖啡的「espresso」一字為義大利文，此名詞如同英文的「express」一樣帶有兩個意義——「快速」與「擠壓出」。義式濃縮咖啡的高速與彈性，讓它能夠同時做出許多杯滿足各式偏好的咖啡，因此在咖啡業界十分受歡迎。然而，由於義式濃縮咖啡往往是許多咖啡館首要或唯一的選擇，或許再加上全世界對於義大利文化的熱愛，許多人心目中，咖啡的最高寶座就是義式濃縮咖啡，這是「最佳」咖啡製作法——咖啡沖煮法的巔峰。

這種想法並非事實。義式濃縮咖啡的確是一種絕妙的咖啡沖煮法，但不代表它勝過其他任何咖啡沖煮方式。其實，義式濃縮咖啡製作過程的強度——沖煮時間短、沖煮壓力高、咖啡粉極細——種種因素加起來，都讓它成為一種棘手且往往令人沮喪的咖啡沖煮法。有人認為，全烹飪界製備過程最繁瑣且最困難的就是義式濃縮咖啡，我個人也不太能反駁此說法。

不過，一旦了解義式濃縮咖啡的關鍵原理，就能有效率地掌控它。雖然絕對完美之法似乎仍然難以捉摸，但我認為絕對有可能每天都能輕鬆做出美味的義式濃縮咖啡。

## 義式濃縮咖啡的關鍵就是製造阻力

一臺優質義式濃縮咖啡機能夠重複推送出壓力與溫度穩定一致的熱水。調控義式濃縮咖啡的沖煮，其實就是控制水流穿過咖啡

粉層的難易程度。當水穿過咖啡粉層的速度越慢，就能萃取出越多風味。聽起來也許滿簡單，但義式濃縮咖啡悄悄突襲讓我們倍感挫折之處，就在於，只要一點點在配方或製備過程做出的小小改變，就可能完全轉變義式濃縮咖啡的風味與口感。

控制阻力的因素主要可以分為兩個：濾杯中的咖啡粉量，以及咖啡粉的研磨粒徑。很明顯地，若是濾杯裝有越多咖啡粉，就能創造越高的阻力，而沖煮速度也會越慢。隨後我們會詳細討論這部分，但目前很值得先告訴各位，一點點微小的調整——例如半公克的咖啡粉量——對於義式濃縮咖啡的沖煮過程就會產生相當顯著的影響。

各位在思考關於咖啡粉粒徑時，可以把咖啡粉想像成砂子或小石子。如果我們想要用小石子建造一座水壩，水壩裡的水可以很輕鬆地找到小石子之間的流通縫隙，若是換成顆粒之間縫隙遠遠更小的砂子，就能創造更高的阻力。咖啡粉層的狀態也是如此：當研磨粒徑越小，就能創造越高的阻力與越緩慢的沖煮速度。

我們往往會以兩種要素測量義式濃縮咖啡的狀態：推送並穿過咖啡粉層的液體量，以及所花費的時間。我們可以藉此計算流速

且掌控配方，同時了解我們應該做出哪些調整，才能讓咖啡嘗起來更美味，或是保持它的好滋味。

在以上四種因素（咖啡粉量、研磨粒徑、咖啡液體量與沖煮時間），有三項常常歸類為沖煮配方的一部分。也許各位會從烘豆商那兒聽到類似以下的配方建議：以18公克的咖啡粉，在大約28～30秒鐘之間，沖煮出36公克的義式濃縮咖啡。當然，如果他還能告訴你研磨粒徑會更好，但我們目前還沒有表示研磨粒徑的有效溝通方式。尋找正確研磨粒徑的唯一方式，就是反覆沖煮相同重量的配方，並觀察沖煮時間的變化。接著調整研磨粒徑，直到達到理想沖煮時間。

咖啡業界與廣泛咖啡社群將此過程稱為「調整研磨粒徑」（dialling in，或稱為「調磨」）。一開始，此過程會有點像是試誤，其中也有幾個常見的錯誤會讓整個過程變得有點混亂或很不直覺。接下來數頁會為各位好好聊聊這部分。

### 通道效應

製作義式濃縮咖啡的複雜因素之一，源自於高壓，許多問題都是由高壓而衍生。我們必須利用高壓才能讓水穿過由細緻咖啡粉形成的緻密粉層，然而，高壓之下的水流會

尋找阻力最低的路徑。為了製作出真正美味的義式濃縮咖啡，最理想的就是讓水流非常均勻地穿過咖啡粉層的所有區域。不過，最容易發生的情況就是，水流找到密度較低的區域，然後開始快速且集中地穿過此處。這種情況就稱為通道效應（channelling）。

當義式濃縮咖啡粉餅產生通道時，就會有占比較高的水量流經咖啡粉餅的某個小區域。這塊小區域咖啡粉的風味萃取將遠遠更有效率，萃取程度往往會進入出現咬舌與過苦的程度。另一方面，流經咖啡粉層其他區域的水量則相對較少，因此咖啡粉其實並未恰當地萃取，最終可能就會做出一杯帶有酸敗味的咖啡。一杯通道效應嚴重的義式濃縮咖啡，會有相當糟糕的味道。

通道的成因、如何防止與有多普遍等相關認識，在過去數年之間出現相當戲劇化的演變。注意：即使是技巧最熟練的咖啡師，再加上身邊具備所有用得上的工具，其所製作的義式濃縮咖啡依舊會時不時出現通道效應。理想上，只要不太常出現就好。在如此高的水壓之下，想要避免出現一些通道其實是極度困難的，但若是在製作義式濃縮咖啡的過程中，能專注於製備一個均勻分布的咖啡粉餅，的確更有機會沖煮出更美味的咖啡。咖啡粉餅的製備技巧與填壓，在第

186～189頁會有更多的介紹。

許多烘豆師或線上論壇常常會討論沖煮溫度，也常常會將沖煮溫度包含在義式濃縮咖啡配方範圍內。許多義式濃縮咖啡機現在都能利用數位介面輕易地控制沖煮溫度。隨後會更詳細討論此部分，但我希望將沖煮溫度與調磨的關鍵原理介紹區分開來。

接下來，我會聊聊關於調磨的實際流程，以及如何根據成果調整配方與技巧。我們始終在追求最美味的義式濃縮咖啡，而品飲才能為我們指出前進與判斷的方向。

### 品飲之後進行調磨

只要經過稍加練習，就能在品飲自己做出的義式濃縮咖啡之後，找出如何換成正確參數與微調方向，並做出更接近成功的下一杯義式濃縮咖啡。許多人都認為自己沒有專業品飲者的經驗與技巧，所以覺得以品飲進行調整實在有點嚇人或鐵定充滿挫折。

許多人在談論咖啡萃取時，往往會大量冒出兩種名詞，也就是萃取不足或過度萃取。關於這兩個名詞更完整的解釋，請回頭閱讀〈咖啡沖煮的萬用理論〉（第88～89頁）。接下來，會仔細討論兩個與各種萃取不良相關的關鍵味道——酸味與苦味。

絕大多數精品咖啡都會有酸味出現，但酸味的程度會隨著焙度、品種、後製處理或咖啡園風土而有所不同。酸味是品飲過程相當美妙的面向，不僅是咖啡，也橫跨涵蓋於整座烹飪世界。對許多人而言，酸味的挑戰一直都在於平衡的拿捏。當酸味不討喜且占據主導位置，就永遠無法讓人真正享受。一顆爽脆的青蘋果擁有明亮怡人的酸味強度，反觀直接飲下純萊姆汁的樂趣就相對少了一些。對各位而言，自己所能享受的咖啡酸味程度是特定的，而這場旅程的一部分就在於探索你喜愛什麼樣的咖啡，並且喜歡如何沖煮它。不過，酸味其實還可以作為一種萃取程度的鮮明指標。

當咖啡萃取不足時，很有可能會出現大量且不討喜的酸味。這是因為咖啡粉內酸性化合物的溶解度很高。隨著從咖啡粉萃取出越來越多物質，酸味也將能被漸漸平衡，而咖啡也會變得越來越討喜。當然，也很有可能不小心跨過了萃取過度的那條線，而咖啡的美味就會開始受到一股強烈、揮之不去且不舒服的苦味污染。

## 苦酸混淆

苦酸混淆（bitter sour confusion）是一種很常見的感受現象，此時，令人不適的尖銳酸味被誤以為是苦味。這種現象在咖啡領域尤其棘手，因為酸味與苦味剛好反映了兩種相反的萃取問題！今日，我們偶爾還是能看到舌頭的味覺分布圖，這類分布圖會畫著酸味或鹽味的感受區域。這是一種令人困惑的表現方式——我們的味蕾其實布滿了整片舌頭，而每一個味蕾都能偵測所有途經它們的味道。不過，許多人會在舌頭的兩側感受到酸味，而且是咖啡一入口就能立即發現的味道。而苦味往往傾向在整片舌頭與喉頭較能感受到，通常在咖啡嚥下之後，苦味會開始漸漸增強。沙拉醬就是現實生活的例子之一，下次製作沙拉醬就是各位實際體驗的完美時機，從沙拉醬嘗到的不僅是純粹的酸味（由醋與檸檬汁組成），還有純粹的苦味（若是各位採用優質橄欖油）。

當做出一杯酸味太多的義式濃縮咖啡，而醇厚度／口感質地又有點微弱／輕薄，就可以很有把握地判斷必須提高咖啡的萃取程度。問題可能出於研磨粒徑太粗，而且咖啡粉與水的接觸時間又太短。的確還有其他調整萃取程度的方式，接下來我也會討論製作義式濃縮咖啡的種種變因，但是，酸味的平衡始終都是做出判斷或選擇改變哪些變因的關鍵。

# 配方與比例

在描述與討論現代風格的義式濃縮咖啡時，常常會用上兩個名詞——配方與比例。

---

**配方**

一份義式濃縮咖啡的配方，通常須包含以下關鍵製作因素：
咖啡粉量（公克）
咖啡液體量（公克）
沖煮時間（秒鐘）
沖煮溫度（攝氏／華氏）
沖煮壓力（巴）

---

傳統上，義式濃縮咖啡容量的單位會使用毫升，但體積單位已經越來越不受歡迎。以體積描述義式濃縮咖啡的難處在於，有一部分的體積會是克麗瑪（crema）。克麗瑪是義式濃縮咖啡液體的泡沫，這是當二氧化碳離開溶液並且被咖啡中的起泡物質困住而形成。一杯義式濃縮咖啡會漂浮著多少克麗瑪，與咖啡粉內藏著多少二氧化碳有相當強烈的關係。因此，越新鮮的咖啡豆便會產生越多的克麗瑪，另外也還有許多會影響克麗瑪多寡的因素，例如焙度或咖啡粉是否包含了部分羅布斯塔（robusta）咖啡豆，又或是僅採用純阿拉比卡（arabica）咖啡豆等等。所以，如果以十分新鮮的咖啡豆做出一杯30毫升的義式濃縮咖啡，其中包著氣體的體積占比就會比較高，如果換成放得比較久

的咖啡豆，就會有相對較多的水推送穿過咖啡粉，填補原本是泡沫的體積。因此，雖然兩杯咖啡的沖煮時間看似一致，但實則差異極大，兩杯義式濃縮咖啡嘗起來也會十分不同。換成以重量的方式測量義式濃縮咖啡，便有助於消除這部分的變因，因為頂部漂浮的克麗瑪對於一杯咖啡的重量幾乎不具影響。以新鮮咖啡豆製作的40公克義式濃縮咖啡的體積會比較大，但與配方相同的較老咖啡豆相比，兩者的萃取量會十分相似。

## 克麗瑪

克麗瑪是一杯義式濃縮咖啡品質的指標之一，人們也賦予它許多浪漫色彩。克立瑪確實會讓義式濃縮咖啡的模樣更可口，但是，我們的目標始終應該放在嘗起來最美味的咖啡，而不是看起來最美麗的咖啡。我們前面提過，克麗瑪是被困在義式濃縮咖啡泡泡裡的二氧化碳，這種泡沫也因此相當穩定。當水處於義式濃縮咖啡製作過程的高壓之下，會比平常更容易溶解二氧化碳，因此出現二氧化碳「過飽和」的現象。當義式濃縮咖啡從濾杯把手流出時，液體就會重返正常的大氣壓力，而二氧化碳就會從溶液跑出，並形成泡沫。

克麗瑪似乎也會抓住一些從濾杯流出的咖啡粉小碎塊，常常因此在克麗瑪表面形成漂亮的圖樣，稱為「虎紋」。較深焙的咖啡豆似乎會生成更多虎紋，義式濃縮咖啡也因此看來更是大飽眼福。克立瑪常常被視為品質指標或標記，在某個有限程度而言確實如此。一杯做壞或使用陳舊咖啡豆沖煮的義式濃縮咖啡，完全不會形成任何能留在杯中的克麗瑪，因此當看到一杯義式濃縮咖啡少了克麗瑪，絕對是個鮮明的警訊（但前提是咖啡製作完成後立刻上桌，因為克麗瑪其實消散得滿快）。不過，以不乾淨的機器或新鮮烘焙的劣質咖啡豆做出的義式濃縮咖啡，也能產生許多克麗瑪，但是嘗起來會相當可怕，所以請別太過信任那朵漂浮在咖啡頂端的緻密棕色泡沫。

希望各位現在都已經了解，當目標是想要好好做出一杯義式濃縮咖啡時，為何應該測量咖啡的重量，而非體積。以目測體積改善義式濃縮咖啡品質所浪費的大量咖啡豆，很快就會超過一臺便宜的小型數位電子秤的價錢。在我繼續介紹其他配方的要素之前，想要先聊聊關於義式濃縮咖啡製作的比例。

## 比例

義式濃縮咖啡的線上或線下社群往往充斥著關於比例的大量討論。比例代表的就是

咖啡粉與咖啡液體的比例。例如以18公克的咖啡粉，製作出36公克的義式濃縮咖啡液體，那麼比例就是1：2。關於比例，包含了幾個相當重要的概念。首先，為何比例在烹飪界許多角落都是如此實用（尤其是烘焙領域）。符合比例的意思是當我們增加某一項成分時，就應該以維持相同比例為基準，計算出另一項成分應該準備多少。例如，如果將咖啡粉量換成20公克，那麼就應該讓推送出的咖啡液體重量增加為40公克。

令人困惑但又相當重要的是，如果以相同的沖煮時間與沖煮溫度，製作兩杯不同配

方的義式濃縮咖啡，例如一杯是18公克咖啡粉，沖煮出36公克咖啡液體；另一杯是20公克咖啡粉，沖煮出40公克咖啡液體，兩杯咖啡嘗起來應該會一模一樣。只是後者比較大杯。但真實世界這種狀態很罕見，某些原因在討論義式濃縮咖啡製作原理時有提到（見第148～153頁）。所以，雖然固定比例無法解決所有問題，但當各位準備稍稍調整義式濃縮咖啡的製作時，仍然應該讓比例保持相對一致。

另一方面，比例在定義不同義式濃縮咖啡類型方面也十分實用。歷史上，義式濃縮咖啡可以分為三個類型：精華萃取義式濃縮咖啡（ristretto）、義式濃縮咖啡（espresso）、長萃義式濃縮咖啡（lungo）。字面翻譯的「ristretto」代表「有限的」義式濃縮咖啡，而「lungo」代表的就是「長的」義式濃縮咖啡。雖然比例也可以用來定義這些飲品，但並非絕對硬性規則，比較像是一種參考。

精華萃取所指的比例範圍往往是1：1～1：1.5。也可以選擇比1：1強度更高的比例，但要以此完成恰當萃取的美味咖啡，機率其實極低或甚至不可能。義式濃縮咖啡的比例定義範圍則是1：1.5～1：3。而長萃的比例範圍為大於1：3，不過若是比例大於1：6或1：7，就比較像是以義式濃縮咖啡機製作濾沖咖啡了。

若是第一次製作義式濃縮咖啡，我通常都會建議購買任何專為義式濃縮咖啡烘焙的咖啡豆，並使用1：2的比例。雖然這不是萬用比例，但一般而言已經相當接近理想比例，接下來就能以少數幾個簡單的沖煮方式調整，修改風味與口感不太對的面向。

認識義式濃縮咖啡的比例，對於溝通與理解烘豆師或網路上的配方非常有幫助，也有助於了解配方的基本概念與關鍵控制要素，藉此讓自己越來越常做出美味的咖啡。

# 如何調整研磨粒徑

在剛踏入宛如迷宮的咖啡世界時，會在製作義式濃縮咖啡遇到的挫折，絕大多數都源自研磨粒徑的調整。

調整研磨粒徑的原則看似如此簡單——想要讓穿過咖啡粉層的水流慢下來，並從咖啡粉萃取出更多風味的話，就只要把研磨粒徑調細即可。同樣地，如果想讓穿過咖啡粉層的水流速度加快，就將咖啡粉研磨得粗一些。

許多人會被反覆困在咖啡粉粒徑始終不如預期的循環裡，主要原因有兩個。首先，問題出在磨豆機內的殘粉。幾乎每一臺磨豆機內部都會有少量的殘粉，許多磨豆機會在磨盤之間與排出咖啡粉的通道殘餘大量咖啡粉。也就是，當我們下一次調整研磨刻度並進行研磨時，得到的咖啡粉就會混雜了這一次與原先的兩種研磨粒徑。如此便會形成問題。例如，如果理想的咖啡粉是要調整得細一些，但實則是以這種混合了有粗有細的咖啡粉沖煮，此時的流速的確會變慢，但也許不夠慢。若是選擇立刻再度調細研磨刻度，下一份義式濃縮咖啡仍然會是用這種混合咖啡粉沖煮。解決此問題的方法很簡單，但一樣會讓人倍感挫折。最佳做法就是為磨豆機進行沖洗（purge）——倒入少量咖啡豆進行研磨，如此就能推送出舊的研磨粒徑咖啡

並丟掉。這種做法十分浪費，也很煩人，這是源於磨豆機的設計不良，而且狀況各異。許多現代單份磨豆機的沖洗咖啡豆量可以只需5公克。而許多商用義式濃縮咖啡磨豆機的沖洗咖啡豆則需要20公克以上，對做生意而言實在很不利。不過，花費5公克的咖啡豆進行沖洗，總好過因為未經沖洗而浪費18公克的咖啡豆，然後做出一杯糟糕的義式濃縮咖啡。

第二個困擾許多人的問題，就是研磨刻度該調整多少？該將研磨刻度的軸圈或旋鈕往較細或較粗的方向轉多遠？這方面實在很難提供一個絕對規則，但是，以有刻度磨豆

機而言，若是在比例不變的狀態之下，一格通常會讓沖煮時間增加或減少大約3～4秒鐘。另一方面，無刻度磨豆機也還是會有某些標示，像是標線、凹槽或其他標記，每一道標記通常會是差不多的粒徑尺寸差距。雖然總有例外，但一般而言我會避免一次大幅調整研磨刻度，除非沖煮結果離正常或美味極為遙遠。

# 沖煮溫度與幫浦壓

**在過去數十年之間，沖煮溫度與幫浦壓也在義式濃縮咖啡製作方面掀起大量討論。**

一部分是因為我們對於這兩者造成的影響有了更細微的了解，另一部分則是因為某些相對單純的技術問題，在咖啡社群大聲疾呼希望製造商解決的同時，也強化了這方面的討論聲量。

## 沖煮溫度

最經典的例子之一就是沖煮溫度。在二〇〇〇年代初期，一小群咖啡專業人士與熱情的業餘咖啡師，開始實驗更精確調控義式濃縮咖啡機沖煮溫度的方式。在此之前，義式濃縮咖啡機的沖煮溫度有合理的表現，但並非絕對穩定一致。起初，製造商對於沖煮溫度保持穩定筆直的要求反應緩慢，彷彿這個要求是要他們承認現有產品具有瑕疵，但製造商們也逐漸一一找到讓自家機器在沖煮過程能維持特定一致溫度的方法。

此技術誕生之時，人們還尚未充分了解義式濃縮咖啡萃取，也還不會為沖煮出的咖啡液體測量重量。許多人因此相信一點點溫度變化，就會對義式濃縮咖啡的味道產生巨大影響，這樣的溫度變化可能不到攝氏0.5度。現在回頭看，這些影響味道的原因似乎比較像是源於眼睛目測沖煮所產生的各杯差異，雖然溫度較高的義式濃縮咖啡可能更美味，但微小的溫度變化應該並非真正原因。

不過，這也並不代表沖煮溫度就沒有討論的必要。沖煮溫度對於味道會產生影響，義式濃縮咖啡機的沖煮溫度穩定性也有助於增進咖啡的美味（雖然能以改變些許沖煮溫度而改善的爛咖啡，僅占我人生嘗過糟糕義式濃縮咖啡的很小一部分）。

增加沖煮溫度有助於提升萃取率，往往也會連帶降低酸味與增加甜味，但幅度有限。沖煮溫度的調整無法完全克服基本要素的瑕疵，例如比例、配方、沖煮時間或研磨粒徑。當咖啡已經很接近傑出，想試著往巔峰再邁出一小步，沖煮溫度會是不錯的調整方向。

依據咖啡豆烘焙程度調整沖煮溫度十分重要。淺焙咖啡豆比較能忍受較高溫度，也比較能得到高溫的好處，因為淺焙咖啡豆的苦味化合物比較少，而這類物質剛好在高溫時會變得很容易溶解。較淺焙的咖啡豆適合

攝氏92～97度的沖煮溫度。若是中焙，我會先從攝氏88～94度開始嘗試，如果焙度稍微深一點點就將溫度調降一些。如是深焙，我會為了盡量降低苦味，而將沖煮溫度設定在攝氏80～85度，除非特別偏好這類苦味，那麼當然可以將沖煮溫度調高。

不過，我其實很猶豫是否應該討論精確的沖煮溫度，因為這樣似乎會強化穩定筆直的沖煮溫度比較好或比較理想的概念。事實上，目前還不確定是否真是如此，只能確定溫度的再現與可控是重要的。許多義式濃縮咖啡機因為採用的技術性質，沖煮過程的溫度會呈一條曲線，但這類機型都完全有能力製作出美味的義式濃縮咖啡。

接下來，將介紹義式濃縮咖啡機產生的可靠溫度分析，各位甚至可以在沖煮過程調整溫度。這部分相當有趣，但在了解如何使用之前還有一段長長的旅程要走，那麼就先進入第二部分幫浦壓。

## 幫浦壓

義式濃縮咖啡的定義就是在高壓之下沖煮的咖啡，但關於壓力的議題其實包含了許多混淆與矛盾。義式濃縮咖啡最常見的建議壓力為9巴。在了解並正確重現或達成這樣的壓力之前，必須先認識大多數義式濃縮咖啡機創造與控制壓力的基礎原理。

在螺旋式幫浦的商用義式濃縮咖啡機運作時，在濾杯手把扣合且幫浦啟動之下，壓力常常可以提升至9巴。此壓力數值的測量處非常接近幫浦，而數值代表的是系統內的最大壓力。當進行咖啡機沖煮頭（group head）的沖洗，洗去前一次沖煮時留在濾網的咖啡，應該會發現即使壓力讀數如此高，但從濾杯流出的水流似乎沒有經過任何加壓。這是因為整座系統內的壓力並非恆定，若是少了任何阻力，幫浦與沖煮頭之間的壓力就會下降。當將咖啡粉放進濾杯手把之後，便會開始產生一些阻力，而幫浦就能將全部壓力施加在咖啡粉餅上。然而，當我們以裝在沖煮頭且專門設計為模擬咖啡粉餅壓力狀態的工具進行測量時，會看到壓力數值只有8巴。因為這並非封閉系統，當義式濃縮咖啡進行沖煮的過程中，壓力就會在液體穿過咖啡粉餅並流入杯中之際隨之散失。我們製作的咖啡粉餅的阻力會決定咖啡機製造的壓力能有多少投注在咖啡上。若是咖啡粉很粗，沖煮期間受到的壓力就會相對較低，而咖啡粉很細的話，咖啡粉餅受到的壓力就會接近9巴，因為液體會幾乎無法穿過。

若是振動式幫浦咖啡機，幫浦通常能產生高於9巴的壓力，接著再以制壓閥（over pressure valve，OPV）卸除超過9巴的壓力。可惜的是，絕大多數家用義式濃縮咖啡機都沒有安裝正確的制壓閥，雖然修正並不困

難，但必須打開電器才能進行修改——這種做法不僅可能使維修保固失效，如果與電器實在不太熟悉，這麼做也很危險。所以不太建議大部分人採用這種方式。

在1961年之前，利用彈簧拉霸製造義式濃縮咖啡機所需壓力的做法十分常見。這種做法產生的壓力並非固定；而是在沖煮開始、放開拉霸後的瞬間達到壓力最大值。在沖煮過程中，彈簧會慢慢鬆開，彈力位能將因此變少，而壓力也就漸漸下降。自1961年FAEMA品牌的E61螺旋式幫浦咖啡機大獲成功之後，電子式幫浦咖啡機便開始廣受歡迎。

或許，此時是義式濃縮咖啡社群產生分野的關鍵一刻——分成喜愛壓力穩定筆直，以及偏好壓力呈現曲線的兩群人。

在La Marzocco品牌推出他們的Strada義式濃縮咖啡機之前，壓力議題並未在咖啡社群掀起廣泛的興趣或實驗，這臺咖啡機能夠以齒輪式幫浦達到預先設定壓力曲線。最初，這項技術與壓力曲線的概念引起了眾多關注與興奮，但經過往後也許十幾年的實驗之後，許多製造商才開始對於壓力曲線可能帶來的潛在優勢有了一些了解。

為了能進一步討論義式濃縮咖啡機的壓力曲線，必須先聊聊義式濃縮咖啡機沖煮過程的初期階段，此階段通常稱為預浸潤（pre-infusion）。

## 預浸潤階段

此名詞已經存在很長一段時間，但現代咖啡沖煮關於預浸潤的討論又更為激烈。幾乎每一臺義式濃縮咖啡機沖煮過程的最初幾秒鐘之內，壓力其實都尚未達到完全。這是因為水分最初還正在滲入咖啡粉餅，並且試著填滿濾杯內咖啡粉餅上方的空間。直到濾杯內完全充滿水分之前，幫浦產生的壓力其實無法完全施加於咖啡粉餅上。某些咖啡機利用讓水只能透過一個小型開口（通常是大約直徑0.5毫米的孔洞，但尺寸各異）流入，讓這個階段變得更緩慢一些，如此一來，就能減緩流速以及系統達到完整壓力的速率。這也是為何在按下咖啡機的啟動鍵之後，往往都要等大約6～10秒鐘才會看到咖啡流出來。

更令人困惑的是，預浸潤不僅代表義式濃縮咖啡沖煮的一個「階段」，同時也代表一個「目標」。這個目標就是確保幫浦將完整壓力釋出之前，咖啡粉餅能夠完全浸濕。為何要將預浸潤作為目標？可能的解釋非常多，但我有某種程度的把握說，恰當的預浸潤有助於沖煮過程的萃取均勻，進而提升義式濃縮咖啡的風味。

許多義式濃縮咖啡機都會有幾種延長或控制預浸潤的方式。一般來說，我會建議多多實驗，找到咖啡粉餅能在壓力尚未完整之前完全浸濕的時機。最容易進行實驗的就是使用裸型濾杯手把（naked portafilte，又稱無底濾杯手把），這種濾杯手把將原本藏在手把內的濾杯改為露出。若是希望增進義式濃縮咖啡沖煮技術，建議可以添購一柄（更多關於濾杯器具的介紹，見第166～167頁）。

不過，有一種方式建議不要採用，也就是打開一下下咖啡機的幫浦，然後關閉，等待，又再次打開。理論上，這種方式可以延長預浸潤階段，但往往頗具破壞性。如果濾杯此時已經累積了任何壓力，壓力會回過頭來移向沖煮頭，因此，咖啡粉餅就會暫時受到向上的力，導致些許破裂出現。當幫浦再度以完整壓力回注時，咖啡粉餅內部可能已經有了造成後續通道效應的裂隙。

## 主要沖煮階段

主要沖煮階段很值得探索調整壓力的可能，雖然接下來很可能要渡過一陣子每一杯義式濃縮咖啡都有些不同的旅途——但若是少了壓力分析，咖啡也不會變得更好喝，反而會更糟糕。這段旅程肯定會令人頗感沮喪。不論在專業或家用義式濃縮咖啡社群，這部分目前依舊是相當活躍的探索議題。

我能提出的最佳建議就是仔細觀察流動狀態。我們將流速定義為水流穿過咖啡粉餅的速率。壓力與流速互有關聯——高壓狀態時，兩者的關聯很容易理解，此時水流會以更快的速率推送穿過咖啡粉餅。然而，也並非總是如此。當壓力超過9巴時，咖啡粉餅被壓縮的程度將大到讓流速開始下降。為何會將9巴當作首選沖煮壓力？推測是因為它剛好處於壓力與流速鐘形曲線（bell curve）的最高流量。

觀察流動之所以有趣，是因為它能透露許多關於義式濃縮咖啡的狀態。當幫浦提供穩定壓力時，並不會讓義式濃縮咖啡的流速穩定。當咖啡大約流出半杯時，流速會開始增加，並且越來越快。這是因為咖啡粉餅在沖煮過程不斷受到侵蝕與溶解。沖煮完成的最終咖啡粉量會比原本少。

有人認為在沖煮過程降低幫浦壓將有助於維持穩定流速。這也是拉霸咖啡機（lever machines，見第168～170頁）的做法，也是許多人喜歡拉霸義式濃縮咖啡的原因之一。另一個在沖煮過程調降壓力的好處，就是減少高壓水流開啟其他咖啡粉餅通道的機會。越接近義式濃縮咖啡沖煮的尾聲，通道出現的機率就會越高，而調降壓力也許是避免此問題最容易的方式（若是各位的咖啡機有調降壓力的功能）。

最後一個建議就是，9巴已經不是黃金標準壓力值了。較低的壓力也能做出一杯傑出的義式濃縮咖啡。如果擁有一臺入門至中階等級的義式濃縮咖啡磨豆機，那麼將壓力定為大約6巴會是提升萃取均勻度的好方法，若是還在發展咖啡粉餅填壓技巧的學習階段，這樣的壓力也會比較友善（沖煮前的咖啡粉餅注粉、布粉與填壓，見第185～187頁）。

# 濾杯組件

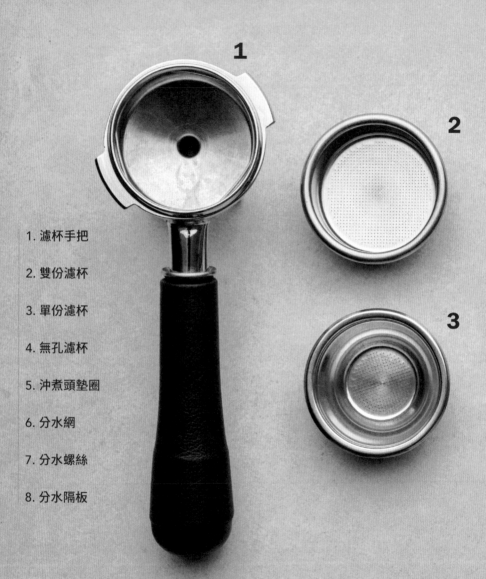

1. 濾杯手把

2. 雙份濾杯

3. 單份濾杯

4. 無孔濾杯

5. 沖煮頭墊圈

6. 分水網

7. 分水螺絲

8. 分水隔板

**4**

**6**

**7**

**5**

**8**

# 如何選購義式濃縮咖啡機

**對絕大多數人而言，為了咖啡投注最昂貴的一筆花費，就是義式濃縮咖啡機。**

只要付出在咖啡館點一杯咖啡的一小部分花費，就可以舒舒服服地在家裡，並在任何你想要的時間，享受一杯濃厚強烈又美味的咖啡，這就是擁有一臺義式濃縮咖啡機所能保證的享受。然而事實上，義式濃縮咖啡是一種興趣，但可能不是多數人真正想要的興趣。製作一杯義式濃縮咖啡很耗時、很容易弄得一團混亂，也很容易陷入深深的沮喪。從我這樣一個對咖啡充滿熱情的人口中聽到如此負面的評價，似乎有些奇怪，但是，如果決定花一大筆錢購買這樣一臺咖啡設備，我覺得最重要的是：能享受使用的過程。如果比較在乎最終那杯咖啡飲品的美味與否，更勝於每天早晨的義式濃縮咖啡製作，那麼，我誠心建議在家時可以選擇另一種沖煮法，然後到優質咖啡館（如果你家附近就有的話，但我知道無論如何距離還是好遠），好好享用一杯義式濃縮咖啡飲品。

一臺義式濃縮咖啡機的基礎能力就是完成這件相對簡單的事：以高壓將熱水推送穿過一個顆粒細緻的咖啡粉餅。不論售價多少，幾乎每一臺義式濃縮咖啡機都能好好完成這項簡單的要求。因此，要從中嘗試挑選一臺機器，又要同時了解自己的錢到底花在哪個刀口上，也就變得很困難。此處內容的目的就是將義式濃縮咖啡機如何運作，拆解成幾個面向進行討論，仔細看看有哪些選擇，以及這些選擇對成本的影響。如此一來，應該有助於分析、挑選咖啡機的功能，幫助你釐清這臺咖啡機能否滿足自己的需求。

**義式濃縮咖啡機如何產生高壓**

壓力是義式濃縮咖啡製作的重要環節；關於壓力造成影響的細節，請見〈幫浦壓〉（第162～163頁）。咖啡機如何創造沖煮義式濃縮咖啡所需的壓力（大約9巴或130帕），主要可分為四種：

**1. 手動拉霸**

這是一種內部沒有任何可以製造壓力零件的機器，而是將提供壓力的源頭設計為人力（也就是咖啡師）的系統。最常見的就是拉霸咖啡機，也就是用力壓下槓桿（拉霸）以創造足量的壓力。較好的拉霸咖啡機會有讀數顯示創造了多少壓力，因為這類機器的主要挑戰就是穩定度（以及早晨的短暫體能

重訓）。拉霸咖啡機很難達到壓力的穩定，若要再論及穩定重現又更是挫折。雖然些許的變數不太可能會讓一杯原本優質的咖啡變得難以入口，但要以拉霸咖啡機反覆做出絕妙咖啡真的非常困難，不過搭配一點點練習確實會進步。

另外，還有一些系統並非單純的槓桿，而是利用其他方法將人力轉換成沖煮壓，不過一樣需要槓桿的運作機制，少了槓桿的物理性質，此系統很難運作。手動義式濃縮咖啡機的優點是無須使用任何形式的幫浦，因此相對便宜。這種沖煮方式的另一個額外好處是觸感，不過並非每一臺都算得上有此優點。它讓我們在沖煮過程擁有近乎無限的掌控度，但有好有壞。使用拉霸咖啡機無疑帶有一種連結或工藝感，許多人也認為以此方式製作義式濃縮咖啡充滿儀式感，或許甚至更為親密。但是當心，這樣的樂趣可能消散，也許很快就會希望把手動勞力的部分外包給更能穩定重現且更不費力的東西。

## 2. 彈簧拉霸

這類咖啡機乍看之下很像手動拉霸咖啡機，但兩者之間有一個關鍵差異。彈簧拉霸咖啡機的沖煮頭內加裝了一個大型彈簧，位在驅動水流穿過咖啡粉餅的活塞上方。拉下槓桿會連帶壓縮彈簧，而鬆開槓桿則會讓彈簧舒張，同時擠壓水流讓其穿過咖啡粉餅。史上第一臺成功達到真正沖煮高壓的義式濃縮咖啡機，其運作方式就是彈簧槓桿。

彈簧拉霸咖啡機的優點可以分為兩層：首先，這是一種穩定沖煮咖啡的方式。彈簧舒張彈開的方式可預測且可重複，也就是每一杯義式濃縮咖啡因此過程產生的差異很小。再者，隨著彈簧舒張彈開，它施加的力道也會開始下降。此過程的壓力曲線很單純，最初壓力可以高達12巴，接著在沖煮過程逐漸下降至3或4巴（在彈簧槽會框住彈簧，阻止它繼續舒張，壓力因此不會繼續往下降，會始終處於某個程度的張力）。

如同手動拉霸咖啡機，由於這項技術並不會強烈反映在機器售價方面，所以也有成本方面的優勢。不過，也如同手動拉霸咖啡機，一樣必須付出一些勞力。必須用力壓縮彈簧，對許多人而言可以算是不小的體力需求。另外，在完全拉到底之前就鬆開拉霸會有小風險（底部通常會有扣鎖機制）。如果在槽內沒有正確裝滿水就鬆開彈簧，或是壓沖濾網上的咖啡粉餅時卻沒有任何阻力，那麼槓桿就會以非常快的速度與非常強的力道往回彈，槓桿往往會沿著咖啡師臉頰旁邊劃出一道回彈弧線。多年來，總會聽到許多痛苦萬分的不幸意外。使用彈簧拉霸咖啡機好

好留心這一點十分重要。這類咖啡機的使用可以相當安全，也相當簡單，但這方面的安全顧慮依舊值得當心。

### 3. 振動式幫浦

在以電子組件產生高壓的義式濃縮咖啡機中，最便宜也最常見的就是振動式幫浦。振動式幫浦體積小、成本低，又能產生比沖煮義式濃縮咖啡更高的壓力。然而，許多使用者也正因它能創造的更高壓力而飽受挫折。

各位可以觀察一下家用義式濃縮咖啡機的外殼，應該會看到以各式各樣說法聲稱擁有產生15巴以上壓力的能力。然而，當我只是要9巴壓力時，這樣的額外能力其實並非好消息。較好的機型會利用一種稱為制壓閥的技術調整壓力。這是一種小型的機械閥，可以用來釋放系統過多的壓力，藉以控制推送到咖啡粉餅的壓力。例如，當一臺振動式幫浦產生12巴壓力時，就能將制壓閥設定為9巴，那麼任何累積出來的多餘壓力，通常就會被回送並釋放至水槽。不過，制壓閥鮮少在製造工廠設定正確，原因有：也許製造商覺得這部分並不重要，也有可能製造商預期末端消費者使用的是預磨的粗顆粒咖啡粉。在此情況之下，沖煮出來的咖啡通常都會很可怕，但若是採用可以限制內部壓力的特定濾杯，沖煮成果可能比較不糟糕或剛好及格。

如果希望發揮振動式幫浦的最大潛力，可以參考其他使用者找到的原廠設定資訊。品質較好、售價較高的咖啡機的制壓閥會更精確，或是更換制壓閥的方式更容易。某些機型的制壓閥更換不會太困難，但的確必須打開咖啡機，所以可能會使維修保固失效。

振動式幫浦最後一個值得注意的就是噪音。這類咖啡機累積壓力的聲音不是特別安靜或悅耳，不過壓力累積完成之後的噪音通常就會比較小。如果各位（或各位的家人）認為早晨的寧靜非常重要，那麼可以考慮其他咖啡機選項。

### 4. 螺旋式幫浦

絕大多數商用義式濃縮咖啡機的標準配備就是螺旋式幫浦。這類幫浦比較安靜，同時也設計成單日運轉時間較長。螺旋式幫浦的缺點是必須用馬達驅動幫浦頭，而這類馬達的體積通常都滿大。某些製造商甚至會將螺旋式幫浦裝在咖啡機外部，例如放在咖啡機下方的櫥櫃。

也有部分小型半商用義式濃縮咖啡機的馬達較小，並加裝在咖啡機內部，而調整這

類咖啡機的壓力相對簡單。這類咖啡機的成本高出不少，但它們並不一定會產生比其他系統「更好的」壓力。這類咖啡機擁有高度穩定的重現性，這也是為何它們適合商用環境，但切記，這類咖啡機會占據廚房或吧檯區較大的空間。

## 壓力分析

我應該談談關於咖啡機如何完成壓力分析。義式濃縮咖啡機製造壓力的方式可以分為好幾種，而振動式幫浦等技術也並非罕見。在商用領域，也有利用齒輪式幫浦產生各種壓力的方式，齒輪式幫浦是以不同電壓調控運轉速率，並創造不同壓力值。而其他類型的咖啡機則是透過制壓閥有效地調控壓力，也就是調整從系統釋放出的壓力多寡。

提供壓力分析的咖啡機往往昂貴得多，在使用與調磨方面也會複雜得多。但是，這類咖啡機讓我們得以在沖煮過程調整壓力，這部分在〈沖煮溫度與幫浦壓〉有更多詳細討論（見第161～163頁）。

# 義式濃縮咖啡機如何將水加熱

自二〇〇〇年代起，許多義式濃縮咖啡沖煮技術的精進焦點都是沖煮溫度。

由於強烈渴望能在沖煮過程創造穩定筆直的沖煮溫度，也就是讓水流穿過咖啡粉餅的過程，維持在一個相當狹窄的溫度範圍。也因如此，促使義式濃縮咖啡機製造商不斷提升技術，許多咖啡機如今都能以十分穩定的溫度沖煮咖啡。

以我個人而言，我認為傑出義式濃縮咖啡的優先條件並非絕對筆直的溫度曲線，而是可以重現的溫度曲線。溫度無疑會影響風味，所以無法穩定重現的溫度，會妨礙再次沖煮出特別喜愛的義式濃縮咖啡性質。也就是說，如果一臺咖啡機的溫度曲線可能是一開始溫度很高，接著慢慢逐漸冷卻，其實也不見得是壞事，只要每一次都能穩定如此再現。

至於家用義式濃縮咖啡機，則會受到物理條件與電源供應的限制。許多這類咖啡機都能有效地將水加熱，但從冷水加熱至理想溫度的水量，會依據不同的加熱元件而受限，同時也會受到廚房插座供應瓦數的限制。

一臺咖啡機將水加熱的方式與其售價強烈相關，投入的金錢往往就是為了購買這項主要技術。將水加熱的方式，也會影響如何控制咖啡機的沖煮溫度及溫度曲線。

## 加熱塊

許多便宜咖啡機常見的技術就是加熱塊（thermoblock）。這個加熱元件就是一塊金屬，水會流經其中蜿蜒的管道，進而在途中逐漸加熱至理想溫度。這是一種頗具成本效益的方式，雖然本質上不具缺陷，但以某些層面而言會有其限制。

製造商決定咖啡機要用什麼方式監測並控制加熱塊的溫度，會對沖煮過程形成影響，水流途經系統的速率也會影響末端的沖煮溫度。當在沒有裝上濾杯手把的狀態沖洗沖煮頭時，會有大量冷水快速推送穿過系統，系統的溫度也將因此快速下降。另一方面，若是讓水分在加熱塊內停留一段長時間，水溫就可能變得太高，此時就必須以某種方式平衡水溫。也就是利用水流進行沖洗，為咖啡機降溫，但理想上也無須降溫過多。這種平衡溫度的沖洗方式就是所謂的「水溫沖降」（temperature surfing）。

Sage雙鍋爐義式濃縮咖啡機

Gaggia Classic義式濃縮咖啡機

Victoria Arduino Prima義式濃縮咖啡機

一般而言，咖啡機會用同一個加熱塊產生蒸汽，咖啡機上會有一個調整恆溫器（thermostat）的開關，此時就可將它打開，讓加溫狀態設定為較高溫。如此一來，咖啡機就可以切換為沖煮義式濃縮咖啡，或製作蒸奶的狀態，但兩者無法同時進行。

當咖啡機屬於較便宜的機型，此功能會無法順利調控，因此必須花較多心力在嘗試控制與重現沖煮溫度。這類咖啡機依舊有可能做出美味咖啡，但須投注更多努力。

### 單鍋爐

以許多層面而言，單鍋爐的運作方式與加熱塊非常像，但這種加熱方式並非讓水流蜿蜒穿過一塊金屬，而是將一鍋較大量的水維持在一個特定溫度。

如同加熱塊咖啡機，單鍋爐也是同一時間僅能提供沖煮咖啡，或製作蒸奶一項功能。單鍋爐的優點在於重現度會稍微好一點，而不像便宜加熱塊咖啡機的溫度變化差異比較大。

### 熱交換

頂級家用或商用義式濃縮咖啡機中，最常見的技術應該就是熱交換器，熱交換器會安裝在單鍋爐周圍。由於鍋爐會在高溫下運作，因此也代表一直都有蒸汽可供使用。而咖啡沖煮水則在另一個不同的管道內穿過蒸汽鍋爐。當沖煮用水穿過蒸汽鍋爐時，管道外圍的熱能會以接觸熱傳導的方式讓管內沖煮水提升至沖煮溫度。如同加熱塊，水流通過系統的速率會決定水溫高低。因此，許多熱交換咖啡機會有第二個系統，稱為熱虹吸（thermosyphon）。此系統會讓水流在熱交換源頭與沖煮頭之間循環，並在熱交換發生之前回到系統內。

由於溫度較高的水的密度較低，所以會在系統內向上升，同時產生流動，而水流便會穩定地循環。水的流動也有助於維持沖煮頭的溫度，否則沖煮頭會逐漸冷卻，並對咖啡沖煮產生負面影響。

在這類設定中，最受歡迎的機型是FAEMA公司開發且推廣的E61義式濃縮咖啡機。其名稱源自於推出的1961年發生的日食。如今，E61風格的沖煮頭依舊相當流行，雖然已有其他熱交換系統與技術出現。

一般而言，熱交換咖啡機的溫度曲線不會是穩定筆直的，雖然某些機型會調整成平直的溫度走勢。水溫沖降依舊能讓這類咖啡機發揮最佳潛力。最後，控制熱交換咖啡機溫度的方式也可以分為幾種。最便宜的選項就是簡單的機械式恆溫器，這種方式很難精確地設定溫度，並且要以螺絲起子調整。

另一個比較流行的選項則是數位調控。這類方式通常會稱為比例積分微分控制器（PID controls），此名稱與精確控制溫度的數學處理器有關，但其實可以簡單稱之為數位溫度控制器。此處調整的設定通常是蒸汽鍋爐的溫度，所以必須額外進行某種程度的蒸汽鍋爐與沖煮溫度轉換。例如，若希望沖煮溫度達到攝氏93度，那麼蒸汽鍋爐也許就必須設定為攝氏120度。許多製造商都會提供蒸汽溫度與理想沖煮溫度之間的轉換指南，但也有部分咖啡機沒有提供指引，若是遇到這類機型，建議可以在咖啡相關線上論壇尋找資訊。

### 雙鍋爐

雙鍋爐在咖啡館的崛起並非源於追求更美味的義式濃縮咖啡，而是更大杯的奶類咖啡飲品。當義式濃縮咖啡隨著美式速食快餐模式向全世界拓展，卡布奇諾的容量也跟著越來越大杯，而咖啡館對於蒸汽的需求也越來越多。熱交換咖啡機的設計是以製作義大利的義式濃縮咖啡為考量，也就是咖啡師只須製作少量蒸奶，大部分的飲品仍然是純飲義式濃縮咖啡。然而，當咖啡機為了完成更多蒸奶的需求而提升蒸汽鍋爐的溫度，沖煮溫度自然也隨之上升，而咖啡的味道也就跟著變糟。

雙鍋爐咖啡機便是專門針對此問題的解決辦法，不過對於義式濃縮咖啡純飲愛好者而言，此設計也如同開啟了全新可能的大門。這類咖啡機擁有專門的蒸汽鍋爐，以及與之完全分離的一個或多個沖煮鍋爐，這些鍋爐始終維持在沖煮溫度。一旦將製作蒸奶與沖煮咖啡的需求分開之後，義式濃縮咖啡的沖煮溫度掌控能力就變得更強。而技術層面也很快便與比例積分微分控制器結合，用以提升調控沖煮鍋爐的精確度。

由於增加了更多鍋爐、加熱元件與電子零件，這類商用或家用的咖啡機也就出現更多更昂貴的機型。這類咖啡機的沖煮溫度通常比較偏向穩定筆直風格，因為水源是固定在某個特定溫度。

# 掌控沖煮

有的人認為，義式濃縮咖啡的沖煮焦點即是絕對的掌控，以及親自動手的經驗。

有的人則希望，義式濃縮咖啡機可以在維持沖煮穩定度方面多提供一些協助。某些咖啡機確實可以在按下某個按鈕時控制水的流量，而且背後運作的方式各不相同。

## 手動調控

最便宜的選項就是完全不會控制水量的機型。咖啡機上有幫浦的開關，結束沖煮的時機完全取決於各位。較廉價的咖啡機不會有任何指引，但某些咖啡機會有沖煮計時時鐘，提供使用者一些已經沖煮多久的參考。

## 計時調控

這是一種相對罕見的調控方式，這種方式背後的原因其實也很合理。這類咖啡機可以設定為啟動30秒鐘之後關閉。由於義式濃縮咖啡沖煮本身的特性、注粉量的多寡、咖啡粉研磨或咖啡粉餅的製作等等，都代表在固定時間之內，咖啡機推送穿過咖啡粉餅的液體量會有很大的差異。當然，也可以把時間視為一種固定值，以此調整注粉量、研磨粒徑等等，直到沖煮出理想的咖啡量，但對許多人而言，這種做法相當違反直覺。這類咖啡機的優點在於，這是一種很簡單的調控方式，因此機器無須加裝額外元件，所以成本能稍微降低一些。

## 計量調控

這應該是商用咖啡機最常見的調控方式，但因為會有額外的成本，所以家用咖啡機相對罕見得多。這類咖啡機的系統採用了流量計，這類流量計有點像是一個小水車，其中一根輻條裝有磁鐵。水流經過時會帶動水車轉動，一旁的偵測器會計算磁鐵通過的次數，以測量水車的轉動。當偵測器計算到了某個數量的旋轉數時，咖啡機就會假定已經有足夠的水量穿過系統了，並停止沖煮。

流量計的運作非常優良，但精密的流量計極度昂貴，所以咖啡機內部採用的流量計等級有所差異。再者，流量計測量的是有多少水量被送到咖啡粉餅，而不是多少液體成功穿過咖啡粉餅並流入杯中。

若是要為這類機器進行電腦編程，一般來說，咖啡機會請各位啟動沖煮並一路操作到結束，機器會記錄你在途中做了哪些動作，然後便可再次重現。某些咖啡機的顯示

MANUAL

計量單位是毫升,有的則是流量計的旋轉次數(這種方式極度抽象,幸好相當罕見)。

## 計重調控

這種調控方式最精確也最能重現,因為它測量的是實際流入杯中的液體量,並且依照液體量決定何時結束沖煮。然而,這是一種更為昂貴的調控方式,而且也須記得咖啡杯其實就「坐」在電子秤上。所以如果在沖煮過程移動杯子,咖啡機會無法分辨這是手指輕按咖啡杯,還是有液體流入杯中。一旦啟動沖煮,最好就是盡可能不要碰觸與干擾杯子。

這是目前最新且(也許是)最昂貴的技術。某些咖啡機還能透過藍芽與智慧電子秤互動,不過仍相對稀有。以調控而言,這絕對是最誘人的咖啡機,但以經濟層面而言,可能並非適用於所有人。

## 除此之外

**蒸奶:**如何加熱製作蒸奶的蒸汽,會與咖啡機如何加熱沖煮水有關。加熱塊或單鍋爐咖啡機(見第173~176頁)必須切換至蒸奶模式才能讓溫度足以產生蒸汽,也就是無法同時沖煮咖啡與製作蒸奶。這類咖啡機的蒸汽壓往往較低,所以製作蒸奶會有點困難。

絕大多數的義式濃縮咖啡機都會有個近乎統一標準的蒸奶管,末端的金屬口會有一至四個洞口。不過,也有部分製造商會有自家設計的蒸奶方式,這類機型的蒸奶工具大部分都是塑料附件,可以讓使用者在無須多想的情況下將空氣打入牛奶。這類蒸奶方式的品質不一,從很糟糕到可接受皆有。但大多的清潔與保養都有點惱人。任何這類蒸奶方式我都不是很推薦,但如果手邊剛好是這類機型,我發現嚴格遵照製造商的操作說明就是最佳使用方式。

我應該特別提一下,最近少數幾家製造商推出了外觀如同標準蒸奶管的產品,而且老實說,成果真的令人欽佩。如果沒有想要學會如何蒸奶,建議可以購買這類產品。

如果咖啡機裝有標準蒸奶管,那麼就應該能夠以其製作出質地絕佳的奶泡,不過,有多快完成奶泡與多容易做出口感優質的奶

泡，不同機型依舊有所差異（更多關於蒸奶的介紹，見第190頁）。

**濾杯手把尺寸**：雖然這看似是頗為專業的問題，但其實會影響咖啡機很實際的升級問題——所以請在準備賣掉，並換一個更酷炫的濾杯手把之前，想想你手邊這臺咖啡機還會使用多久。

最常見的義式濃縮咖啡濾杯手把尺寸是直徑58毫米。也就是58毫米的濾杯配件選擇更多；能夠搭配它的填壓器（tamper）更多，也有更多較精準的優質產品可以嘗試。其他的濾杯手把尺寸包括57、54、53、51毫米。市面上也有非使用58毫米濾杯手把的傑出咖啡機，所以我也不想阻止任何人購買不同尺寸的濾杯手把——但購買之前先考慮此決定可能形成的影響。

**智慧功能／藍芽連結**：廚房中的智能設備大多時候其實都只是浪費時間與金錢，所以多數情況之下，建議在購買擁有網路連線功能設備時，多加考慮。但這不表示所有具備連線功能的設備品質都不佳、粗糙或安全性不高，但優質的實在少之又少。

值得購入的實用智慧功能之一，就是自動開啟咖啡機的內建時鐘。絕大多數的義式濃縮咖啡機需要20分鐘以上的暖機時間。不過，少了這項功能也並非很致命——只要加裝一個簡單的計時器即可。

# 如何製作義式濃縮咖啡

接下來，就要進入義式濃縮咖啡的實際製作過程。以下內容除了有直接的步驟說明，也包含了為何這樣做、正在做什麼等廣泛討論。

乍看之下，此處內容似乎將義式濃縮咖啡的製作流程毫無必要地複雜化了，但我的目標其實正好相反。我希望除去牢牢黏在義式濃縮咖啡身上的迷信儀式，專注於最能提升杯中咖啡品質的層面。

我的目標是盡可能減少製作流程的動作，同時盡可能達到最高品質。

我將義式濃縮咖啡製作過程拆解為線性時間軸的四個階段：注粉量與研磨；布粉；填壓；以及最後的萃取。

在此之前，請先閱讀本章之前的內容，尤其是〈義式濃縮咖啡的製作原理〉（見第148～153頁）與〈如何調整研磨粒徑〉（見第158～159頁）。

## 1.注粉量與研磨

製作義式濃縮咖啡的起點就是先決定咖啡粉量,也就是注粉量。若是使用雙份濾杯,注粉量的範圍大約是14～22公克。製作精良的濾杯會有建議注粉量,我個人會遵守建議,差異不會超過1公克。若是注粉量超過建議克數,將無法讓咖啡粉的粒徑足夠細緻到完成良好萃取,如果注粉量不足則不會有什麼影響,但沖煮結束後的咖啡渣會比較髒亂,但也只是清潔不便且有點惱人而已。

如何調控注粉量取決於磨豆機。我通常會建議使用單份磨豆機,並一次研磨完整的注粉量。有的現磨磨豆機加裝了設計為直接裝滿的豆槽,這類機型會以時間或重量測量咖啡粉量。

使用單份磨豆機時,應該要在研磨之前先測量咖啡豆的重量。另外,如果磨豆機出現靜電問題,可以用裝了水的噴霧瓶噴灑一下咖啡豆。如此能大幅降低磨豆機的靜電問題。

**1** 測量咖啡豆重量。

**2** 研磨前為咖啡豆噴灑些許水,可以避免靜電問題。

**3** 最後再次測量咖啡粉的重量。

## 2. 布粉

這也許是義式濃縮咖啡沖煮過程最重要的一部分（若是不論為特定注粉量進行正確研磨）。萃取均勻與否是由布粉所決定，因此布粉對於最終義式濃縮咖啡嘗起來的美味程度具有重大影響。

雖然許多磨豆機的設計是將研磨完成的咖啡粉，直接落入濾杯手把，但絕大多數的情況都是不直接落入濾杯較好。各位可以將從磨豆機落下的咖啡粉倒入注粉杯，稍稍搖晃之後再倒入濾杯手把，這樣的做法有助於散開咖啡粉中的團塊。

另外，也可以採用偉斯布粉法（Weiss Distribution Technique，WDT）的工具。可以直接購買、利用3D列印，又或是準備葡萄酒軟木塞與一些3D列印機噴嘴清理針，自己動手做一個。這類工具不僅可以散開咖啡粉結塊，也可以將濾杯裡的咖啡粉修整至均勻分布。

某些布粉工具會有小小的鰭狀設計，使用方式就是放在濾杯的咖啡粉堆上方，然後旋轉。我個人目前仍然不是很信任這類工具，因為修整的只有濾杯上方約三分之一的咖啡粉。使用偉斯布粉法時，我大致都能得到相當穩定且品質較佳的咖啡。不過，若是覺得旋轉布粉工具有所幫助，我也不會阻止各位繼續使用，但如果可以選擇，我通常會挑選更有效率（也往往更便宜）的選項。

**1** 濾杯手把裡的咖啡粉有可能分布不均。

**2** 偉斯布粉工具有助於散開咖啡粉中的團塊。

**3** 進行沖煮之前，濾杯手把裡的咖啡粉應該處於均勻分布的狀態。

## 3. 填壓

一直以來，填壓都是義式濃縮咖啡製作過程受到過度重視的面向之一。填壓的目的是將咖啡粉餅內的空氣盡可能地擠壓出來，並且確保咖啡粉餅均勻且平整。若是以此目標為視角，那麼填壓階段就比較接近有完成或沒完成的二元狀態，而不是一點一滴累積出的漸變狀態。情況會是良好地完成了填壓，或沒有；擠壓得夠用力且有感覺到咖啡粉餅完全壓密，或沒有。至於應該要多用力呢？各位可能聽過各式各樣的標準，例如15公斤的力，這個實際數值也不算是太糟糕的目標，只是很難理解到底什麼是15公斤的力，或者如果不把體重計拿到廚房的話（我不是特別支持事倍功半的做法），我該怎麼知道15公斤的力感覺是多大。我個人稍微簡化的標準，則是填壓到咖啡粉堆不再感覺軟綿綿的時候。雖然聽起來很荒謬，但其實很有效。

對於剛開始沖煮義式濃縮咖啡的新手而言，把咖啡喝起來總是差異很大的原因怪罪於填壓實在很誘人，但問題很有可能出在其他部分。不過，這也不代表填壓永遠不會是造成咖啡沖煮問題的因素。若要避免填壓造成的問題，首先請確定入手一柄能與手邊濾杯合身的填壓器。越是精準合身越好，精密的優質濾杯製造商也會建議使用適合自家濾杯尺寸的填壓器。

**1** 確認填壓器盡可能地與濾杯精準合身，然後向下擠壓，直到咖啡粉堆不再有軟綿綿的感覺。

**2** 以指尖觸摸填壓器基座的頂面，檢查它是否穩定平坦地擺放。

除了填壓器基座應該與濾杯合身之外，也應該確定填壓器手柄與你的手掌同樣合得來。填壓器的手感應該要有一點點類似門把，進行填壓時手肘也應該要在手腕的正上方。此動作能在不會傷及手腕的風險之下，安全地施加壓力於填壓器上——這是非常實際且真實的考量，尤其對於專業咖啡師而言。各位可以想像檯面上插著一根螺絲，試著模仿準備用螺絲起子與最少的力氣把螺絲轉出來的動作（也別真的開始扭轉！）

一旦填壓器完全壓進，可以用指尖觸摸填壓器基座頂面與濾杯壁，檢查填壓器是否平坦穩放。此時，可以進行某些調整——因為咖啡粉餅的表面是否水平，對於水流能否全部均勻穿過而言十分重要。某些人會在此時扭轉或旋轉填壓器。我在咖啡職業生涯的早期也養成了這個習慣，而且很難擺脫它。此動作不會形成任何影響，也不會產生任何助益，但我支持可以除去任何沖煮過程的多餘動作與步驟。製作義式濃縮咖啡的目標，應該永遠都放在讓流程最簡單、最容易。

檢查一下濾杯邊緣沒有任何鬆散的咖啡粉，那麼，就準備進入下一個階段了。

## 4. 萃取

在將濾杯手把扣合至沖煮頭之前，可以快速沖洗一下沖煮頭，增加這道動作對許多義式濃縮咖啡機都有所助益。沖煮頭的沖洗在商業環境是為了將前次沖煮之後，任何還留在分水網的咖啡粉沖洗去除。即使分水網已經是乾淨的，沖洗沖煮頭也能穩定咖啡機的溫度。某些咖啡機會在運作過程逐漸升溫，而沖洗能讓機器稍稍降溫，但某些咖啡機的狀態則剛好相反。令人慶幸的是，由於加熱技術正逐漸發展，這種水溫沖降的做法也緩慢步向無用武之地。水溫沖降是一種令人煩悶又浪費水與精力的做法，而且找出該沖降多久，才能讓咖啡機抵達理想溫度的過程也需要時間、實驗，有時還需要溫度測量的工具。

最佳做法就是別讓咖啡粉餅在沖煮頭乾等的時間太長。咖啡粉在其中加溫的時間越長，就會變得更熱，也代表整體沖煮溫度會稍微高一點點，而最終沖煮出的咖啡嘗起來就會稍微苦一些。理想上，讓咖啡粉餅待在沖煮頭的時間只要別超過20～30秒鐘（尚未進行沖煮），就不用太過擔心，不過，讓自己的沖煮流程穩定一致相當重要，所以整體而言，我依舊建議，請在濾杯手把與沖煮頭扣合之後就立即進行沖煮。

請將電子秤放在附近，絕大多數的咖啡機會在按下沖煮鍵後的5～10秒鐘，看見咖啡液體流出，這段時間完全足夠把電子秤放到下方滴水盤，並將咖啡杯放在秤上，再按下歸零鍵。不過，沖煮咖啡應該是一件充滿樂趣的事，而不是某種考試，所以如果你比較喜歡讓所有東西各就各位之後再按下沖煮鍵，也不是一件壞事。

如果咖啡機已經內建沖煮計時器，這是個好消息；但如果沒有，許多咖啡電子秤也都有計時功能，或者也可以使用手機。為沖煮時間計時非常有幫助，可以在按下沖煮鍵的那一刻開始計時。這是真正的沖煮時間，也就是從咖啡粉與水開始接觸的時間算起。有的人會建議在咖啡液體出現之際再開始計時，但我強烈建議，以按下沖煮鍵的時間開始計算。一般建議認為傳統義式濃縮咖啡的沖煮時間為25～35秒鐘，但其實有很多很多傑出義式濃縮咖啡的配方，比這個建議時間更快或更慢。儘管如此，建議在義式濃縮咖啡的基本配方製作已經十拿九穩之前，先別以更多進階技巧進行過多實驗。

某些咖啡機會根據時間、推送水的容量，或相當罕見的杯中咖啡液體重量（見第178～180頁），自動停止沖煮。而大多數咖啡機都必須手動停止。若是以大多數電子秤讀數為依據的話，建議在距離預設液體重量的前2公克就停下咖啡機。請注意，按下停止之後依舊會有咖啡繼續落入杯中，而且某些電子秤的反應也會有些遲緩。但是，只要有了十幾杯的義式濃縮咖啡沖煮經驗，你就能確切知道電子秤讀數到哪兒時就該按下停止鍵。

如果有無底濾杯手把就可以直接觀察萃取情況，也能因此觀察到任何明顯通道的出現。在某些情況中，會看到某些區塊的顏色變得很淺，最糟糕的情況是，某道細小的咖啡水柱以某種角度噴出，這代表咖啡粉餅的通道情況非常嚴重。換作是附有導流嘴的濾杯手把，就很難觀察到這類情況，除非出現非常嚴重的問題，例如正在沖煮的義式濃縮咖啡機開始出現很多水，而且平常不會如此，理論上，無底濾杯手把比較好，但它其實也有幾個缺點。首先，我們無法用雙導流嘴一次沖煮出兩杯單份義式濃縮咖啡——有時就是想分享！再者，無底濾杯手把讓我們幾乎每一次萃取都會看到一些瑕疵，依照每個人不同的個性與看待義式濃縮咖啡的態度，這也可能會奪走一部分你對於沖煮義式濃縮咖啡的樂趣。無底濾杯手把對於診斷問題無疑很有幫助，但有時其實可以只是單純地看著它，不帶絲毫擔心，看著美麗的沖煮過程。

當沖煮結束，可以立刻好好享受這杯義式濃縮咖啡，但有空時請盡快倒掉濾杯手把中的咖啡渣，這是值得養成的好習慣。一旦將用過的咖啡粉餅敲掉之後，我也會沖洗一下分水網（之後會介紹更廣泛的清潔與保養流程，見第214～218頁）。

# 蒸奶

**在投入鍛鍊蒸奶技巧之前，先來討論一下蒸奶的理論。**

品嘗一杯蒸奶恰到好處的飲品是相當美妙的享受，蒸奶能為咖啡增添甜味與無與倫比的質地。絕佳牛奶泡沫稱為微奶泡，因為這些氣泡小到無法以肉眼看出。任何氣泡的尺寸越小就會越強壯，而以微奶泡製成的飲品，從頭到尾都能有絕佳的質地口感：棉花糖般柔軟、綿密、輕盈，卻又豐厚。了解製作蒸奶的目標也有助於掌握其技術，而且一旦熟知背後的科學原理，能有助於精確且輕鬆地做出理想的質地，也能更簡單地辨認出質地或蒸奶的問題。

## 為什麼牛奶會起泡

接下來，介紹一點點關於泡沫的科學，適用於任何含乳或不含乳的奶類。想要讓某個東西起泡，必須具備兩個條件：某種把氣泡注入液體的方法，液體內也須具備某些能發揮起泡劑功能的東西，如此才能將空氣困在穩定的泡泡中。在大多數奶類中，這個扮演起泡劑的東西就是某種蛋白質。

蛋白質是以一種稱為氨基酸的零件組合而成。某些氨基酸會有被水排斥的部位（即疏水性〔hydrophobic〕），而在絕大多數的情況之下，氨基酸的這一面就會朝向彼此，這也是為何蛋白質往往會呈現扭轉與捲曲的形狀。當對蛋白質直接施加物理性的壓力時，不論是加熱或機械力（例如攪拌），蛋白質的性質就會開始改變，直到彼此疏水性的部位被分開。這些疏水部位接著會急忙尋找任何不是水分的東西，而形成氣泡就是完美的策略。因此，蛋白質會開始把自己包成一顆氣泡，所有疏水部位都會面向空氣，而剩下的部分則朝向環繞著氣泡四周的水。這類蛋白質叫做界面活性劑（surface active agent／surfactant）。

如果各位做過蛋白霜，然後不小心把一點點蛋黃混入了蛋白，就會知道這些油脂會對泡沫結構產生負面影響。油脂會與空氣爭奪蛋白質疏水部位的注意，這也是為何油脂會抑制泡沫的形成或快速破壞泡沫。

而在含乳奶類的飲品製作方面，油脂扮演了雙重角色。相較於全脂牛奶，空氣會更容易打入脫脂牛奶，同時也能做出更穩定的泡沫。但這不代表脫脂牛奶比全脂牛奶更容易做出絕佳飲品，對許多人而言，情況更是恰好相反。

## 不含乳奶類替代品

一直尋找著咖啡中奶類替代品的人們，現在正是有史以來替代品最多元的時候。長久以來，咖啡館總是將豆漿視為牛奶的標準替身，但在最近短短數年中，燕麥奶突然出現驚人的大幅成長。市面上有好幾個很不錯的品牌，但如果想要為家中的咖啡飲品加入燕麥奶，建議選擇專門為咖啡飲品設計的產品。許多不含乳奶類替代品的用途設定都較為傳統——搭配穀片或用在食物料理與烘焙——這類產品嘗起來或打入蒸汽之後，與咖啡似乎都不是很相配。絕大多數的品牌都有咖啡專用款，這類燕麥奶都會更接近含乳奶類的味道與口感，此外其他燕麥奶風格其實都最好與咖啡保持一點距離。建議可以實際嘗過幾款之後，選出最符合個人口味的產品。

另一方面，油脂也會改變飲品的質地及咖啡的風味。油脂會減緩風味的釋放，同時降低其強度。脫脂牛奶製作的卡布奇諾能擁有更強烈的咖啡風味，但風味不會持久。全脂卡布奇諾的咖啡風味高峰則較低，但風味反而能在口中停留較久。

含乳奶類的油脂往往就是導致牛奶無法順利起泡的元兇，不論用任何處理方式。大多數含乳奶類的油脂結構為三酸甘油酯（triglyceride）。它的形狀長得像奇怪的字母E，以甘油為脊椎，並連接三個脂肪酸。當三酸甘油酯分解後，就會得到三個自由脂肪酸與一些甘油。甘油與空氣爭奪蛋白質注意力的競爭力很強，導致打出的奶泡會迅速消散。油脂被分解的牛奶甚至會發出氣泡破裂的嘶嘶聲（在打完奶泡之後把奶鋼拿到耳邊，就能清楚聽到），而剛剛做出的微奶泡，似乎會一個個快速地變成越來越大的氣泡。這樣的牛奶嘗起來不見得不好，但無論如何，絕對無法做出絕佳的微奶泡。這種情況有時是因為牛隻的飲食，但更常是因為不當的保存方式。因此，雖然透明玻璃罐裝的牛奶看起來很美，但我都會盡量避免採用，因為日光直射會造成牛奶出現起泡問題，即便它不會對味道產生太大影響。

## 溫度

咖啡館歷史性的緊張衝突時刻之一，就發生在客人想要一杯更熱的飲品，而咖啡師就是不想要讓飲品太燙。背後的原因其實源於牛奶的一項缺點。當牛奶溫度超過攝氏68度，能讓牛奶起泡的蛋白質就會開始永久變性與分解。當飲品溫度越高，就有越多蛋白質分解，此時的蛋白質會形成糟糕的質地，同時也會在分解的過程產生新的風味與氣味。煮過的牛奶會有一種很獨特的氣味，部分是因為氨基酸分解所釋放的硫化氫（hydrogen sulfide）。這也是為何煮過的牛奶會有一種水煮蛋的味道，某些人會覺得有種嬰兒嘔吐物的氣味。

值得注意的是，蛋白質分解是一種溫度與時間的關係。當我們將牛奶加熱至攝氏60度，並在靜置冷卻之後二度打入蒸汽加溫，牛奶會在較低溫的時候，就能聞到或嘗到蛋白質分解的味道。保久乳的巴氏殺菌（pasteurized）溫度遠遠更高，但保久乳只有在這個高溫持續約1～2秒鐘便開始冷卻。

以上種種都代表牛奶的最美味溫度具有上限。對某些人而言，比起飲品是否夠美味，飲品是否夠熱更重要，但讓大多數人感到更美味的是飲品溫度稍微低一些的狀態，飲品能擁有更香甜與更怡人的口感。對許多人而言，攝氏60度其實已經比能夠立刻享用的適飲溫度更高，而讓消費者轉換心態的辦法，其實就是告訴他們，這樣的高溫必須還要等待才能享用，除卻他們想讓飲品更燙的想法。

以我個人經驗而言，溫度對於牛奶替代品的風味與質地也有影響。這方面與含乳奶類不太一樣；煮過的牛奶氣味會明顯不同，但部分原因似乎也源於蛋白質的分解並釋放新氣味。另一方面，質地似乎也無法在高溫之下保持一致。

另外，雖然並非完全必要，但我必須強調處於冷藏溫度（約攝氏4度）的牛奶非常實用。這樣溫度的牛奶可以讓蒸奶的過程變得更為簡單，做出成功的奶泡也會更容易。

## 蒸奶技巧

學習蒸奶技巧的目標就是做出一杯美味的奶類飲品，其擁有自然甜味與討喜質地，這樣的質地源自於小到幾乎不可能看到的泡泡組成的奶泡。蒸奶的過程包含三項任務：為牛奶注入空氣、創造最棒的泡沫質地，以及也許是最重要的，加熱牛奶。

把這三項視為獨立任務有助於鍛鍊技巧，因為這三項任務會分別以不同的方式處理。但是，不論正在做什麼動作，只要用上蒸汽管就一定會同時為牛奶加溫，不過我們

可以將蒸奶流程拆分為兩個階段：

## 階段一：吹泡泡

在此階段，通常會稱為「拉張牛奶」（stretching the milk），此名詞似乎已經鑲嵌在英語系的咖啡業界。階段一的目標就是利用蒸汽離開蒸汽管的力道，將空氣向下拖拉與推送進入牛奶。此階段要將蒸汽管末端剛好放在牛奶表面。可以實際聽見與看見此過程：不僅會看到牛奶開始在奶鋼中膨脹（所以稱之為拉張牛奶），也可以聽到一種噴噴聲。

在開始蒸奶之前，應該要先決定接下來要製作出多少奶泡。如果想要做出傳統卡布奇諾那一層厚實的慕斯般奶泡，比起製作小白咖啡（flat white），此階段就必須打進更多空氣，而小白咖啡只需要一層很薄的微奶泡。

其實很難說出應該要在階段一的牛奶裡打進多少空氣量。我認為大約是牛奶體積增加10～20％時，適合製作拿鐵或小白咖啡，如果想要，也能以此學習拉花（latte art）的技巧。若是準備製作更傳統的卡布奇諾，那麼可以先把增加的體積提升到50～60％。這會是一種厚實且如棉花糖般的美妙奶泡。奶類飲品其實沒有絕對的標準，而且在家製作義式濃縮咖啡的樂趣之一，就是為了做出自己最享受的飲品，而逐漸發展出各種技巧，所以任何為了試誤所花費的時間與精力，都是十分值得的。

最至關重要的是，階段一必須在牛奶加熱到燙手之前完成。越快越好，因為如此一來，就能為階段二（打造質地）預留更多時間。

## 階段二：熱攪

階段二的目標就是，將剛剛在階段一製造的泡泡，全部盡量打碎成微小的奶泡，越小越好。此時必須將蒸汽管的末端放在牛奶表面下方一點點，也就是蒸汽管與末端噴口

### 認識你的蒸汽管

這部分所寫的技術都是針對傳統蒸汽管。傳統蒸汽管通常是不鏽鋼管，末端加裝一個擁有一至四個小孔洞的噴頭。蒸汽可用旋鈕或按鈕控制。如果各位的蒸汽管與此描述明顯不同，它可能就是該公司的專門技術，最佳操作方式就是盡可能地遵循使用說明。不過，即使與傳統蒸汽管不同，試著了解它們期望重現的技術，也有助於辨認可能出現什麼問題。

的接縫剛好沒入表面。請勿將蒸汽管末端伸至奶鋼底。

當蒸汽管位於表面下，蒸汽就能讓牛奶繞著奶鋼攪動與旋轉。此階段應該安靜無聲；不要出現任何嘖嘖聲或甚至是一點點啜吸空氣的聲音。理想上，此時奶鋼的中央會形成漩渦，也會隨著蒸奶過程看到較大的氣泡被拉入漩渦。階段二所花費的時間越長，最終的質地也將越好。由於已經設定了完成溫度，所以也代表越快從階段一進入階段二越好。

蒸汽管在奶鋼中的位置是關鍵。一旦位置不對，就很難讓奶鋼裡的牛奶旋轉並形成必要的漩渦。接下來將詳細說明步驟，但無論如何，此階段都應該要讓牛奶形成漩渦，各位可以試著調整蒸汽管在奶鋼中的位置，直到牛奶形成的模樣對了。

為了清楚呈現蒸奶過程，我將牛奶換成了水，如此一來就能觀察到蒸汽管與氣泡的模樣。

## 蒸奶步驟

**1** 準備一只尺寸適中的不鏽鋼奶鋼。預計完成的蒸奶量請別超過奶鋼的壺嘴底部。

請確定準備使用的牛奶處於冷藏溫度。如果想要盡量降低出錯的可能，可以事先為牛奶測量理想的重量。

檢查咖啡機的溫度是否適合製作蒸奶。某些咖啡機進入蒸奶階段必須先進行加溫。

在即將進行蒸奶之前，請將蒸汽管出口對準滴水盤，然後打開氣閥。這麼做可以噴出管中冷凝水，噴氣後的蒸汽會變得比較乾一些。此時以一塊布握住蒸汽管有助於盡量減少混亂。請小心，蒸汽很燙！

請將蒸汽管噴口朝向自己，此時的蒸汽會以45度的傾角遠離咖啡機。

**開始蒸奶之前：**請先沖煮義式濃縮咖啡。沖煮完成的咖啡可以在蒸奶期間靜置於一旁。它不會這麼快走味或品質明顯地下滑。咖啡的確會稍微冷卻一些，但等等即將被大量熱牛奶稀釋，而且如此也能讓溫度降低，達到不錯的平衡。

**2** 請將奶鋼的壺嘴朝前指向咖啡機（以壺嘴作為蒸汽管的引導），拉高奶鋼，使蒸汽管的末端剛好沒入牛奶表面，別再繼續深入。

微微前傾奶鋼，並保持蒸汽管放在壺嘴中。

完全打開蒸汽。

立刻稍稍下拉奶鋼，讓蒸汽管的末端位於牛奶的表面——理想是幾乎如同落在牛奶表面。如果有將理想的空氣量注入牛奶，此時應該就會聽到噴噴聲。

一旦注入牛奶的空氣量足夠，拉高奶鋼，讓蒸汽管向下沒入牛奶約數公分。

但是，請別讓蒸汽管向下碰到奶鋼底部。

**3** 請確定牛奶有形成漩渦；可能必須將奶鋼再向前傾一些。此時應該會看到牛奶激烈地旋轉。

當牛奶達到理想溫度時，請停止打入蒸汽。許多人會選擇以手觸摸奶鋼測溫。多數人的耐受溫度大約為攝氏55度，所以對絕大多數的咖啡機而言，可以在奶鋼燙手之後繼續蒸奶約3～5秒鐘。可以進行幾次試誤，以找到自己偏好的溫度。

一旦停止打入蒸奶，將奶鋼放置一旁，然後專心清潔蒸汽管。先以濕布擦掉任何蒸汽管上的牛奶，然後將噴口朝向滴水盤，並再次短暫打開蒸汽閥，讓任何可能回流的牛奶噴出。

**4** 此時的蒸奶其實還尚未準備好倒入咖啡。拿起奶鋼輕輕地敲打檯面數次，這樣可以讓大氣泡拍出牛奶（左圖）。

一旦敲出大氣泡，便可以開始翻攪奶鋼中的牛奶。理想上，要在不會打出新氣泡的狀態之下，將下方的液態牛奶翻進上方的奶泡中。此翻攪很像極為熟練且認真的葡萄酒搖杯動作。當牛奶看起來如同油漆（右圖），也就是準備好倒入咖啡了。

倒入咖啡，好好享用。

**溫度計：**市面上有各式各樣的蒸奶溫度計，但最便宜的溫度計反應會非常慢，而且不精確。數位溫度計很好用，但我知道把溫度探針放入蒸奶的動作，似乎已經認真得有些誇張了，甚至對我來說都是如此。

## 牛奶──解決問題的小建議們

大多數人遇到最大的挑戰，就是如何做出理想的蒸奶質地，蒸奶的氣泡最後往往都會比理想的微奶泡還要大。以下是幾種可能導致這種情形發生的原因：

空氣進入牛奶的時間太晚，因此將它們打成微小奶泡的階段二的時間不夠充裕（見第199頁）。試著再早一點積極地把空氣打入牛奶。

蒸汽壓不足。當蒸汽閥沒有全開，就非常難做出優質牛奶質地。如果咖啡機不足以讓蒸汽鍋爐提升至理想溫度，也有可能造成問題。另一方面，若是蒸汽管的力道太過激烈（尤其是對於較少量的牛奶而言），建議可以將蒸汽管噴口換成單一孔洞，但維持蒸汽閥全開，這種方式通常稱為「低流量」（low flow）。比起製造商的標準規格，它們通常孔洞數量較少或較小。如果必須經常製作低於100毫升牛奶的蒸奶，強烈建議幫你的咖啡機購入一個低流量蒸汽管噴口。此處的螺紋通常都是標準規格，所以零件更換不難。

還有一種可能是牛奶的狀態不佳，因此剛開始看起來還不錯，但很快就會開始崩解成較大的氣泡。若是側耳傾聽，甚至可以聽到像是汽水發出的嘶嘶聲。牛奶的味道可能還不錯，如果還沒過期，那麼可以安全地以其他方式飲用。但其中部分油脂可能已經分解，因此破壞了泡沫。

## 用義式濃縮咖啡做出……

# 義式濃縮咖啡飲品與配方

以下介紹一系列精選的義式濃縮咖啡基底飲品，以及這些飲品背後的創造概念。

　　想要找到一份製作卡布奇諾的標準配方，真的是一件不可能的事，就如同想要尋找定義千層麵的食譜一般。不過，我希望有了一些小小的歷史背景故事之後，各位能體會到飲品配方所嘗試的目標是什麼，進而實際創造你的理想飲品（或飲品們）。

### 義式濃縮咖啡（Espresso）

　　義式濃縮咖啡是一杯以高壓創造的強烈少量咖啡。義式濃縮咖啡極具特色，不僅僅是因為它的強勁濃烈，當然還有那一層漂浮在咖啡液體上的紅棕色克麗瑪。義式濃縮咖啡概念的誕生可回溯至二十世紀初期，新式機器能夠困住蒸汽壓，並利用蒸汽壓快速擠壓水分穿過咖啡粉，因此能快速沖煮出多杯強烈的濾沖式咖啡。義式濃縮咖啡的義大利文名稱「espresso」就如同英文的「express」，這兩個名詞同時都有「快速」與「擠壓出」的意思。例如英文express train（高速列車），也是有「擠壓出」的意思。

　　現今義式濃縮咖啡的現身可以追溯至1948年，當時以阿希爾·佳吉亞（Achille Gaggia）命名的咖啡機是利用槓桿推壓一個大型彈簧，彈簧接著會以活塞的機制將熱水推送穿過咖啡粉。這是義式濃縮咖啡首度以

很高的壓力沖煮完成（大約9巴或更高），也是第一次咖啡頂端出現那層招牌的漂浮泡沫。佳吉亞的顧客見到這層新泡沫不免心存疑慮，但佳吉亞將它描述為「crema caffe naturale」──天然咖啡奶油。真是十足的銷售天才。

到了精品咖啡運動期間，義式濃縮咖啡的配方定義變得有些棘手，因為其標準已經從原本的單份，轉變為雙份義式濃縮咖啡。不論是烘豆師或線上的討論，絕大多數的義式濃縮咖啡配方都是假設使用雙份濾杯，並且做成單杯雙份義式濃縮咖啡飲品。原本義大利的義式濃縮咖啡配方，也就是單份配方，其實已經距離網路上的討論相去甚遠。

## 康寶藍（Espresso con Panna）

這是一種非常簡單但很美味的飲品配方。康寶藍就是在義式濃縮咖啡上放一點點打發鮮奶油。最佳喝法是稍微攪拌一下，但依舊保留一些漂在頂端的冰涼鮮奶油，以此與下方濃郁燙熱的咖啡形成對比。

## 瑪奇朵（Macchiato）

瑪奇朵的義大利文「Macchiato」，有「標記」或「著色與污點」之意。此飲品誕生於忙碌的義大利義式濃縮咖啡吧，那兒的義式濃縮咖啡往往必須快速製作，然後在吧檯排放成一列讓客人直接拿取。有時會有客人要求加一點點牛奶，但義式濃縮咖啡的那層克麗瑪將完全擋住沉下去的牛奶而無法辨認。為了解決這個小問題，咖啡師就在加了牛奶的咖啡頂端放上一小匙的奶泡。

不過，更現代化的瑪奇朵是相當不同的飲品，常常是一杯裝滿了蒸奶的義式濃縮咖啡。這類飲品往往源自於滿心希望炫耀拉花技巧的咖啡師，目標反而不是盡可能做出一杯最好喝的飲品。咖啡與牛奶的比例經常是1：1。雖然兩種版本的瑪奇朵都可以做得非常美味，但對於現今消費者而言，其實會有點困惑自己點的瑪奇朵會是哪一種。

關於瑪奇朵，咖啡界還衍生出進一步的混亂，源自於星巴克的一款飲品：焦糖瑪奇朵（Caramel Macchiato）。焦糖瑪奇朵是星巴克極為成功的一款飲品，但它也為瑪奇朵該是什麼模樣添加了第三種可能，而且它與前兩者十分不同。星巴克的焦糖瑪其朵其實可以說是，一杯以焦糖標記或著色的大杯拿鐵。

### 西西里咖啡（Espresso Romano）

不是很常見，但如果喜歡這個有趣的名稱，很值得一嘗。傳統上，西西里咖啡是義式濃縮咖啡以一小片檸檬或扭轉檸檬皮裝飾。如果想要自己嘗試製作，可以用義式濃縮咖啡的風格決定應該要放上檸檬片或檸檬皮。一小片檸檬能為深焙咖啡添加不錯的酸味，但如果換成淺焙咖啡，酸味可能會變得不討喜且失衡。另外，因為檸檬皮僅僅是添加了檸檬的香氣，不會形成任何酸味的影響，所以選擇檸檬皮比較安全，同時能為飲品增添怡人的香氣複雜度。

### 科達多（Cortado）

科達多也是一種版本之間差異很大的飲品，尤其是傳統版本與更現代的變形版。以往，西班牙與葡萄牙最常出現科達多。這是一種咖啡與蒸奶以1：1比例混合，並裝在大型玻璃杯的飲品。比起義大利的義式濃縮咖啡，此處的水分更多、更為稀釋，這也是科達多的特色之一。

然而，現代精品咖啡館販售的科達多會是什麼樣的飲品，其實很難預測。其義式濃縮咖啡與牛奶之間的比例可以從1：1一路到1：3，比例的差異往往取決於咖啡師是否要進行拉花。

## 短笛拿鐵（Piccolo Latte）

　　在咖啡世界中，經常可以遇到頂著義大利文名稱、但在義大利當地卻從未出現或很罕見的飲品，短笛拿鐵就是一個很好的例子。短笛拿鐵很有可能是在義大利境外發明的飲品，但利用義大利的名字創造某種正統或令人期待的氛圍。以字面解讀，短笛拿鐵似乎是一種小杯拿鐵，實際上也差不多。此飲品最常以玻璃杯裝盛，咖啡與牛奶的比例大約是1：3至1：4之間。牛奶通常會做成蒸奶，因此飲品表面會漂浮著薄薄一層奶泡。

## 美式咖啡（Americano）

　　關於美式咖啡的起源，聽到的故事可能是，二戰之後，駐紮於義大利的美國士兵，要求他們的義式濃縮咖啡要加水稀釋而誕生。但是，義式濃縮咖啡其實直到1948年才被發明出來，之後數年之間也一直尚未普及。此名稱的來源比較可能是，這種加水稀釋讓強度降低至濾沖咖啡的風格，與美國人的咖啡偏好相近。

　　美式咖啡的配方為單份或雙份的義式濃縮咖啡以熱水稀釋。可以選擇將義式濃縮咖啡倒進熱水或是反過來，兩者的味道差異不大。我個人偏好杯中先裝熱水，因為這樣的美式咖啡模樣更漂亮。若是從未嘗試過，先撇除美式咖啡表面的克麗瑪再品嘗，建議應該嘗試一下——此做法可以有效降低苦味，讓它更美味。經典美式咖啡的咖啡與水比例可從1：3，一路到1：6，完全取決於個人喜好。

## 長黑咖啡（Long Black）

這是一種配方非常像美式咖啡的飲品，不過誕生於不同地區。長黑咖啡常見於澳洲與紐西蘭。傳統上，長黑咖啡的咖啡分量頗高，是由兩份精華萃取義式濃縮咖啡（見第156頁）沖煮而成——這是當時流行的義式濃縮咖啡風格。因此，長黑咖啡往往是一種強烈、豐富且濃郁的飲品。比例通常是1：3至1：4。

## 卡布奇諾（The Cappuccino）

卡布奇諾聽起來似乎是一種經典義大利飲品，但它其實源自奧地利。十九世紀晚期維也納老咖啡館有一種稱為卡普奇納（kapuziner）的飲品，這是將咖啡與牛奶混合，直到顏色如同方濟嘉布遣（Capuchin）僧侶棕色衣袍的顏色，是一種頗為難以言喻的顏色，但在咖啡館之外，它也用於形容某種棕色的特定色調。顧客便能用特定顏色告訴店家他們想要怎樣的咖啡強度與風味。

隨著義式濃縮咖啡機逐漸流行，利用咖啡機部分蒸汽壓為牛奶加熱，且製作蒸奶的做法也開始出現。而卡布奇諾的風格核心依舊不變，也就是一種以咖啡與牛奶做出擁有強烈咖啡風味的飲品。

接著，三分之一法則便在某個時期發展出來，也就是卡布奇諾應該要以一份的義式濃縮咖啡、一份的牛奶與一份的奶泡製成。

這個規則聽起來簡潔又簡單，但傳統卡布奇諾也將因此變成一杯只有75毫升的飲品。不過，卡布奇諾沒有真的變成如此，而且從未如此。我猜測這種規則的來源，可能原本只是想要強調，倒入義式濃縮咖啡的牛奶與奶泡應該要1：1的等分（所以，雖然聽起來會有點令人困惑，但卡布奇諾其實就是一種義式濃縮咖啡與等量的牛奶及奶泡混合的飲品）。在義大利大部分地區，單份義式濃縮咖啡的卡布奇諾會以150毫升的杯子裝盛，頂上有一層厚厚的慕斯般美味奶泡，以確保咖啡的風味也不會被牛奶稀釋。最常見的配方為咖啡與牛奶比例1：3至1：4，理想上，頂部應漂浮著1～2公分的奶泡。

現代精品咖啡館真的模糊了何謂卡布奇諾的界線，許多卡布奇諾往往是一杯牛奶風味非常強烈的小杯飲品，且奶泡量變化範圍也很大。另一方面，大型的連鎖咖啡店則是提供一些很大杯又帶有泡沫的詭異飲料。

## 拿鐵咖啡（Caffe Latte）

雖然想要點一杯拿鐵時，特別說請給我一杯拿鐵咖啡，聽起來有點做作又自以為是，但我真的聽過太多人跟我說他們到義大利旅行時，店員真的會端來一杯牛奶，並告誡我以正確的名稱呼喚它。許多義大利咖啡師在聽到拿鐵時會充滿困惑的原因，也是由於拿鐵咖啡在義大利其實並不常見，拿鐵咖啡很有可能是一種誕生自義大利之外，而最後冠上義大利之名的飲品。

拿鐵咖啡的概念很簡單——帶有一點咖啡風味而香甜奶香十足的飲品。這樣的飲品完全不糟糕。然而遺憾的是，「拿鐵咖啡是一種專為咖啡門外漢準備的飲品」，這樣的污名依舊存在。儘管有此污名，拿鐵咖啡依舊很有可能是全球最流行的咖啡飲品。

另外，超級自動咖啡機的興起，也提升了拿鐵、瑪奇朵的流行程度，這種飲品是杯

中先裝好牛奶，然後輕輕地將義式濃縮咖啡倒入。義大利當地偶爾也會有這種飲品，不過常常是在家以摩卡壺製作。

絕大多數的拿鐵咖啡都使用雙份義式濃縮咖啡，但為了可以倒入更多牛奶，所以會以更大的杯子裝盛，頂端通常只會有一點點奶泡。咖啡與牛奶的比例落在1：4至1：7的範圍。

## 小白咖啡（Flat White）

小白咖啡究竟源於紐西蘭或澳洲，目前仍有爭議，但我想我應該可以很有把握地說，小白咖啡源於紐澳人。在精品咖啡興起之際，小白咖啡在許多地方都變成一種如同現代運動的低調象徵，菜單上小白咖啡的現身與否，變成一種出奇有效的品質指標。然而沒過多久，連鎖與比較不追求卓越的咖啡店也開始推出了小白咖啡。

小白咖啡的誕生可能是一種回應，回應頂著如同岸邊海沫般詭異奶泡的卡布奇諾崛起現象。人們不想要一杯充滿空氣的咖啡與牛奶，他們想要的是表面平坦的白色咖啡。小白咖啡因此誕生，並慢慢演化成一種最佳描述，正是「強烈小杯拿鐵」的飲品。回想這樣的誕生緣起，今日的小白咖啡宛如進入了有趣的第二段人生。

小白咖啡通常不會超過150～180毫升，

並且一定是混合了雙份義式濃縮咖啡與蒸奶，頂上必定漂浮著一層薄薄的奶泡，小白咖啡擁有如同拿鐵的口感質地，以及卡布奇諾般的強勁咖啡。比例可以從相當強烈的1：2至1：4，但1：3的比例可能是最常見的。

### 柯瑞特咖啡（Caffe Corretto）

終於出現一個比起世界其他地區，在義大利當地菜單更常見的飲品了。更令人開心的是，這個名稱代表的還是一種添加些許烈酒，或附上烈酒的義式濃縮咖啡飲品，柯瑞特咖啡（Caffe Corretto）——意為「矯正咖啡」（corrected coffee）。柯瑞特咖啡常常是一杯義式濃縮咖啡，一旁附上一小杯白蘭地、渣釀白蘭地（grappa）或其他烈酒。往往都是晚餐餐後咖啡（常常會加糖）喝盡之後，再將烈酒倒入已經幾乎是空的杯中，旋轉一下，然後品嘗。這是一種有趣的儀式，以品飲經驗而言，整體感受也超越了單純只是咖啡與烈酒的加總。另外，烈酒一開始便加入咖啡的做法也很常見，這比較像是一種熱的消化酒。

## 摩卡（Mocha）

　　我們真的不知道「摩卡」的名稱從何而來。絕大多數的情況中，摩卡代表的是添加了單份或雙份義式濃縮咖啡的熱巧克力。雖然巧克力本身已經是一種與咖啡同等複雜且迷人的飲品，同樣充滿了生產者工藝的風土與風味表現，而它同時也受到文化層面的輕視，被不公平地貶抑為「不認真」的飲品（好似認真嚴肅是一種能代表美味或品質的指標……）。摩卡之名稱最有可能源自葉門的摩卡港（Mokka）。早期咖啡歷史中，有一種流行的混合豆咖啡名為摩卡爪哇混調（Moka Java blend）。最初，這代表兩處原產地的咖啡豆混調，但很快地就變成一種簡稱，用來表示由其他各種產地所混調出，帶有大地與巧克力風味的配方豆風格。其後，又不知為何漸漸演變成今日的一種飲品。

　　關於摩卡的配方比例，目前沒有真正的共識；某些版本的巧克力風味濃重，某些則是咖啡感比較強烈，並利用豐富的巧克力添加香甜與油脂滑順感。近年來，絕大多數的摩卡表面都會有拉花，除此之外，其他概念定義都頗為鬆散，各位可以實驗出自己最喜愛的摩卡。

## 更多飲品……

　　當然，也還有很多其他受歡迎的咖啡飲品，如彼切令（Bicern）、魔法咖啡（Magic）、吉布雷塔（Gibraltar）與紅眼（Red Eye）等等。世界各地都有許多美味的在地義式濃縮咖啡飲品，四處尋找與實際品嘗，都是旅行途中迷人的享受之一。推出罕見飲品的咖啡師們，通常都很樂意聊聊這些飲品是什麼，以及如何製作。也許各位也會想要自己動手製作，但我可能很難在詳盡羅列飲品清單的同時，不讓本書變成一個多數人完全不想閱讀的研究計畫。

# 設備的清潔與保養

關於設備的清潔，「咖啡機永遠可以更乾淨」的概念與成本效益之間，總是有著某種程度的矛盾。

每天徹底清潔咖啡機，不僅是你的咖啡機會充滿感激，你的味蕾也會，但我覺得這可能不是最佳利用時間的方式。

咖啡館裡咖啡機的清潔與維護，確實能夠訂定某些規則與建議，因為這些設備每天都必須不斷地運作，所以需要一些日間與打烊之後很明確的維護流程，以避免出現會迅速累積的不討喜風味。不過，家用咖啡機的情況就不是如此了。接下來，將與各位討論為何必須清潔設備、如何清潔，以及如何建立一套自己的清潔流程。

## 義式濃縮咖啡機

比起其他任何的咖啡設備與器具，義式濃縮咖啡機可謂最需要清潔，背後原因可以分為幾項：首先，絕大多數咖啡機從沖煮頭釋放壓力的方式，會使咖啡機內留有殘餘的咖啡。當我們決定以9巴的壓力沖煮時，代表咖啡粉餅累積了龐大的壓力。為了沖煮之後能安全地卸下濾杯手把，幾乎所有義式濃縮咖啡機的沖煮頭內，都有一個讓剩餘壓力向上釋放的閥門，然後順著一道廢料排管連至滴水盤。也正是因為此時的壓力釋放，才

使得注粉量較少的濾杯會在沖煮結束時，變成一團濃湯般的破碎零亂咖啡渣。向上透過沖煮頭釋放的壓力，基本上會使咖啡粉餅爆開，所以濾杯內提供的爆炸空間越大，凌亂程度也將越高。

這道向上釋放的壓力，不僅會將殘餘的咖啡液體往上帶進沖煮頭，同時也會吸入某些細小的咖啡粉。這些殘餘的液體與顆粒，會在高溫的沖煮頭環境中迅速脫水，然後開始堆積。每次沖煮之後立即進行沖煮頭的沖洗確實有所幫助，但依舊會有一部分的殘餘逐漸累積。當然，沖煮之後也很容易忘記要沖洗沖煮頭，而且許多義式濃縮咖啡機在沖煮完成之後，還會持續運作一會兒（例如接下來要接著製作蒸奶）。沖煮越多杯咖啡，就會累積越多咖啡殘渣，然後咖啡殘渣留在沖煮頭內繼續加溫的時間越長，單純以水洗淨的可能就越低，而接下來沖煮的義式濃縮咖啡就會帶有越多負面味道。

恰當清潔沖煮頭的第一件事，就是拆下分水網（如果它可以輕鬆地從咖啡機卸除）。分水網的中央通常都會有一個固定螺

絲，此處有時會有一片額外的金屬版，這片金屬的功能就是幫助沖煮水平均分散於咖啡粉餅上（通常稱為分水隔板）。這些零件應該要拿到水槽（請謹慎小心，因為它們很燙），以肥皂水好好擦洗。洗碗精就可以，不過理想上請使用無添加香精的清潔劑！也可以同時清潔一下沖煮頭內被分水隔板擋住的地方。另外，也請確認沖煮頭內的橡膠墊圈上沒有任何咖啡粉。接著，

將各個零件都妥善裝回之後，就可以用義式濃縮咖啡機清潔劑清洗，這個步驟稱為逆洗（backflush）。必須準備少量義式濃縮咖啡機專用清潔劑，以及一個沒有任何孔洞的盲濾杯（如果你的咖啡機沒有附上盲濾杯，請放下本書，立刻上網買一個）。

逆洗義式濃縮咖啡機的過程有一點很重要，就是主要清潔是發生在沖煮頭沒有運轉

的時候。當我們將濾杯手把扣上並啟動幫浦時，清潔粉會開始溶解，會有一點點清潔水流出濾杯。一旦停止幫浦的運轉，清潔溶液就會開始向上推送到沖煮頭內，此時，清潔劑就會開始作用於這些堆積的咖啡殘渣。一般而言，逆洗循環會是啟動幫浦5秒鐘，然後暫停10秒鐘，並進行此循環五或六次（除非咖啡機的狀態很糟糕）。接著，可以取下濾杯手把，倒掉其中的液體並洗淨，然後再次扣上沖煮頭，這次就以清水進行啟動5秒鐘、暫停5秒鐘的循環約五次。如果運轉沖煮頭時，看到任何變色或聞到任何化學物質的氣味，請繼續沖洗。

真正的問題是：多久該進行一次清潔流程？如同在一開始提到的，當然可以每天都進行清洗，但如果一天只會沖煮少數幾杯義式濃縮咖啡，這樣的頻率就會是以牛刀殺雞。建議可以每天都用清水沖洗，然後根據使用程度，以清潔劑沖洗的頻率可以是每二、三、五或七天。我無法為不同的設備與使用情況提供正確的頻率，但可以進行某種測試：當你卸下分水網與分水隔板時，會覺得它們的狀態有點噁心嗎？如果會，請提高清潔頻率。

## 磨豆機

磨豆機的清潔頻率一部分取決於使用的品牌與機型。某些磨豆機累積細小咖啡粉的速度很快，導致磨豆機會變得比理想溫度更高（咖啡粉是一種絕佳的絕熱體），同時使咖啡出現不討喜的味道。再者，某些磨豆機的設計須經常打開，導致零件有受到某種程度損壞或錯位的風險，進而影響磨豆機的功能與表現品質。

各位也許曾經看過，以研磨生米來清潔磨盤與磨盤槽的方式，但我從未見過任何磨豆機製造商如此建議，如果各位準備一試，請了解，這麼做將使保固失效，並且必須自行承擔風險。我曾經看過一種基本上就是製作成咖啡豆形狀的清潔劑，它的效果很好，但規律使用的成本可能有點高。

如果各位願意的話，最佳方式就是打開磨盤槽，吸出內部殘餘的咖啡粉，然後用小刷子除去困在裡面的咖啡粉。請特別留意咖啡粉從磨盤排出的通道的清潔。若是你的磨盤槽有螺紋，請特別小心別讓咖啡粉跑進螺紋，否則這會是相當悲慘的經驗。如果會有點害怕完全打開你的磨豆機，也許可以盡可能地為它好好真空吸塵一番，然後刷掉任何看得見、已經壓縮累積的咖啡粉，這麼做也會有些幫助。

磨豆機的外部也應該經常進行清潔。如果磨豆機有加裝入豆槽，研磨的又是中至深焙的咖啡豆，入豆槽內部其實會以驚人的速度累積出一層油脂。請別讓油脂層有機會累積，因為它將迅速氧化且出現十分可怕的氣味。如果入豆槽可以輕易拆卸，那麼請以肥皂水好好洗淨，徹底沖洗乾淨之後，請在放回原位之前使其完全乾燥。

### 自動咖啡機

自動咖啡機的清潔相對簡單。但請注意常常被忽略的濾杯底部與咖啡壺（如果你的咖啡機有附上咖啡壺）。由於自動咖啡機通常會採用深色材質，所以很容易忽略，在某些咖啡機內部濾杯與濾杯底部出口周圍堆積的咖啡污漬。這類髒污可能須要進行簡單的肥皂水擦洗與徹底沖淨，若是記得，請每週清潔一次。

咖啡壺往往很難僅以手洗乾淨。讓它們恢復亮麗順眼模樣的最佳方式，就是倒入一茶匙的義式濃縮咖啡機清潔劑（也可以是一咖啡匙，讓咖啡匙偶爾也能派上用場），然後注入極燙的熱水。清潔劑會在倒入熱水之後完全溶解，然後靜置咖啡壺數小時（浸泡一整夜也完全沒問題，不會發生什麼壞事的），最後徹底洗淨即可。絕大多數的咖啡壺都會因此煥然一新。

## 除垢

　　咖啡沖煮用水並不是一個簡單的議題（更多關於沖煮用水的資訊，見第41～48頁）。不幸的是，最佳咖啡沖煮用水與容易產生水垢的水成分，部分重疊，所以對許多人而言，擁有一臺咖啡設備，也代表必須面對除垢問題。若是除垢的頻率合理，那麼除垢流程可以算是頗為無痛。建議使用檸檬酸，因為它不僅便宜、驚人地容易取得，同時又擁有食品等級的安全性。我通常會以檸檬酸做成濃度為5%的溶劑，但如果經常除垢，或家中水質形成水垢的速度緩慢，也可以降低濃度。請將除垢溶劑倒入咖啡機，然後啟動機器。如果這是一臺自動咖啡機，請進行一次沖煮。若是打算為義式濃縮咖啡機除垢，可以在咖啡機預熱過後，進行一次溶劑的沖煮頭沖洗。一旦所有溶劑都已被沖洗出來（可以先從1公升的溶劑開始嘗試進行除垢），接著應該再以至少1公升的清水沖洗。清水沖洗完成之後，嘗嘗看最後沖洗出的水，只要嘗得到一絲絲的檸檬尖銳酸味，請再以清水多沖洗幾次（這也是食品安全等級除垢劑的實用之處）。

　　若是已經很久沒有進行除垢了，那麼某些咖啡機就會有大塊水垢剝落，並且有阻塞水流循環管線狹窄處的風險。這些水垢最終都會被溶劑所溶解，但如果已經因此產生某些問題，就必須請專業人士找出產生阻塞問題的部位，然後人工除去水垢，並清洗乾淨，最後再將機器組裝回原樣（或者如果有把握的話，也可以自己嘗試，但請注意——自行打開義式濃縮咖啡機且拆下零件，會使保固失效，若是你也不太知道自己正在幹嘛，亂動電器也是很危險的）。

　　另外，即使使用的水質很軟，每年進行一次除垢也十分有益，若是水質較硬，請將除垢的頻率提升一些。

# 索引

## 致謝

我要向Michael與Melinda為本書的誕生所做出的一切努力獻上巨大的感激。若是少了他們的幫助,本書絕對到不了付印的那一刻。感謝出版社Octopus的每一位,感謝他們為形塑文字所做的努力,並轉化成如此美麗的一本書。感謝Square Mile Coffee Roasters團隊的每一位,感謝你們成為我的靈感、富挑戰性對話與美味咖啡的泉源。

感謝我的家人。

## 作者簡介

### 詹姆斯‧霍夫曼(James Hoffmann)

全球暢銷書《世界咖啡地圖》(The World Atlas of Coffee)作者。知名咖啡專家、作家,以及2007年世界咖啡師冠軍(World Barista Champion)。詹姆斯與他的專業團隊共同創辦的「Square Mile Coffee Roasters」,是一間成立於英國倫敦且屢屢獲獎的咖啡烘焙公司。他經常在眾多咖啡生產國之間旅行,也是國際知名的講師。

## 譯者簡介

### 魏嘉儀

國立台灣大學地質科學學系與研究所畢業,現為自然科普書籍譯者與編輯。相信好奇心是我們最棒的能力之一。